U0198750

用数学魔法
改变人生

钟　毅
×
胡小锐
=
译

[英]
≈
博比·西格尔
=
著

中信出版集团 | 北京

图书在版编目（CIP）数据

用数学魔法改变人生/（英）博比·西格尔著；钟
毅，胡小锐译.--北京：中信出版社，2020.7（2022.1重印）
书名原文：The Life-Changing Magic of Numbers
ISBN 978-7-5217-1797-6

I.①用… II.①博… ②钟… ③胡… III.①数学 –
普及读物 IV.①O1-49

中国版本图书馆CIP数据核字（2020）第064644号

The Life-Changing Magic of Numbers © Bobby Seagull 2018
First published by Virgin Books in 2018
Virgin Books is part of the Penguin Random House Group of companies
Simplified Chinese translation copyright © 2020 by CITIC Press Corporation
ALL RIGHTS RESERVED
本书仅限中国大陆地区发行销售

用数学魔法改变人生

著　　者：［英］博比·西格尔
译　　者：钟　毅　胡小锐
出版发行：中信出版集团股份有限公司
　　　　　（北京市朝阳区惠新东街甲4号富盛大厦2座　邮编　100029）
承 印 者：北京盛通印刷股份有限公司

开　　本：880mm×1230mm　1/32　　印　　张：10.5　　字　　数：152千字
版　　次：2020年7月第1版　　　　　印　　次：2022年1月第2次印刷
京权图字：01-2020-1913
书　　号：ISBN 978-7-5217-1797-6
定　　价：59.00元

版权所有·侵权必究
如有印刷、装订问题，本公司负责调换。
服务热线：400-600-8099
投稿邮箱：author@citicpub.com

谨以此书献给我的家人

没有你们，就没有今天的我

目录

就该在爱情中如此幸运

 把每分每秒用到极致

1

像数 1，2，3 那样简单

计数、排序和处理数据的基本工具

那是1993年冬天，占据各大音乐排行榜榜首位置的是密特·劳弗的《为了爱，我愿意做任何事》（I'd Do Anything for Love）。当时，我还是一名9岁的小男孩，身上穿着有点儿偏大的连帽冬装，站在操场上，手里拿着我最珍贵的财产——梅林英超1993—1994赛季足球球星贴纸收藏册。对于20世纪90年代在伦敦东区长大的孩子来说，操场上的通用语言是足球，而流通货币则是球星贴纸。

"这个我有，这个我有，这个我有，这个我要。"这是我和其他孩子交换贴纸时挂在嘴边的话。看到已经收藏的贴纸，我就会心平气和地说"这个我有"；但一旦看到我还没有收集到的贴纸，我就会兴奋地脱口而出："这个我要！"每到周五下午，宣告周末到来的铃声一响起，我通常就会冲向街角的商店，掏出我仅有的几英镑零花钱，买回几包价格虚高的贴纸。

我的朋友们不仅交换贴纸，还经常猜测哪些球员会是理想的转会人选。虽然布莱克本的高产射手阿兰·希勒更适合亚历克斯·弗格森为曼联打造的锋线，但在孩子们的梦想世界中，希勒可能会出现在西汉姆联的厄普顿公园球场上。贴纸世界与真实世界显然有所不同！

这是数字第一次在我的社会生活中扮演某种角色。当然，我第一次与数字打交道是数数：1，2，3……它给我带来的是一种非常简单的快乐。但在这个新的贴纸世界中，我才第一次发现数字起到了非常重要的作用。我与小伙伴们聊到足球时，经常会做出一些毫无根据的断言，比如，我断定阿森纳的射手伊恩·赖特比南安普顿的马特·勒蒂西耶效率更高。但是，我引用数字时的那份自信帮助我赢得了他们的认同。我知道这两个前锋在之前的联赛中都进了15个球，这一事实使我的观点更加可信。

我记得，每次交换到新的贴纸后，我就会拿着贴纸册跑回家，兴冲冲地在微软电子表格（Excel）的主工作表中输入所有新贴纸上面的信息。例如，收集到曼联前锋埃里克·坎通纳的贴纸后，我输入了他的详细个人信息（身高1.86米，体重81千克）和他的表现数据（33次出场；2次替补；15个进球，其中右脚打进10个，左脚打进1个，还有4个头球）。几年后，我已经是一名中学生了，但我还没有放弃这一兴趣爱好。不过，我开始使用效率更高的微软数据库管理系统软件（Access）来完成同样的工作，输入的数据包括球员的姓名、首发位置、身高，还有他前一年的数据，比如出场和进球情况。

有了这些，我就能对球员做出更准确的评估。如果西汉姆联球迷想要找出身高超过 1.83 米、上个赛季出场次数超过 20 场的后卫，我只要在 Excel 中输入一个快速排序公式，就会产生神奇的效果。不费吹灰之力，我就可以列出符合条件的球员名单。

我发现，由于利用电子表格可以轻轻松松地根据不同标准（身高、进球数和出场次数）对球员进行排序，本来异常复杂的情况一下子变得有迹可循了。于是，尽管球员令人眼花缭乱的球技和持球时的那份自信会给我留下深刻的主观印象，但数字仍然提供了一些相对客观的比较标准。借助一些基本的数据处理技术（比如求平均值、中位数和众数），本来看起来毫无意义的数字（例如各个球员的身高）在我眼中变得生动起来，使我可以权衡这些球员孰优孰劣。我可以回答朋友们提出的问题，比如"哪支球队的平均身高在联盟中排第一？"或者"哪支球队的中场进球最多？"，让朋友们一下子对我钦佩不已。只要在电子表格中点击几下，就可以轻松地找到答案。我没有将自己对足球的这种客观分析转化为商业行为或许是错失了一大良机——现在 Opta Sports 等公司已经因为这项业务取得了成功！

数字在一个充满猜想的世界里给了我一种"了然于胸"的感觉。就像史努比漫画里莱纳斯的安全毯一样，数字也是我成长过程中的一块基石。实际上，我对数据确定性的感知可以追溯到我在1991年收到的一份圣诞礼物，比那本英超贴纸收藏册还要早两年。我收到的是一本书——拉塞尔·阿什（Russell Ash）的《全世界"十大"博览（1992）》。从我小心翼翼地打开礼物包装纸的那一刻起，我就开始如饥似渴地浏览书中列出的各类"十大"，包括世界上最高的十座建筑，票房收入最高的十部电影，迁徙路线最长的十个物种，等等。你随便说一个主题，无论是天文学、艺术，还是食品、饮料和音乐，我都可以飞快地背出一个个榜单（尽管我或许还不太明白这些数字背后的含义）。

1992年的巴塞罗那夏季奥运会使我第一次看到，数字可以用一种令人神往的方式，直观地表现出年轻运动员处于巅峰状态的体能：英国代表队的队长林福德·克里斯蒂以9.96秒的成绩勇夺100米短跑金牌；卡尔·刘易斯在史诗般的男子跳远决赛中以3厘米的优势险胜迈克·鲍威尔；拉维尼娅·米洛索维奇的自由体操成套动作令观众如痴如醉，也为她赢得了满分10.0分。那时候的我还是个小男孩，四脚朝天地躺在客厅的地板上，大口吃着消化饼干，全神贯注地盯着那些比赛。我开始慢慢地明白，数字是一种计算大小和进行排序的方法，可以确定谁是赢家，谁是输家。我的眼前浮现出大量的数字，对那些相互竞争的对手和国家进行排名或排序，试图客观地量化似乎与学校里的数学课没有任何关系的那些东西。

我早就深深地喜欢上了数字，不仅包括课堂上的数字，也包括在现实生活中接触到的那些数字。你或许会问："数字真的有那么重要吗？数字从何而来？把一堆事物排序，然后处理成简洁明了的信息，到底有什么意义呢？"

起初，上帝创造了天和地，但如果你问我上帝是什么时候创造数字的，我可以告诉你答案是之后不久，因为上帝需要在第 7 天休息一天。有证据表明，在出生后的几个小时内，婴儿就开始形成对数字的抽象表达能力。

我们人类正是在这个抽象阶段超越地球上大多数物种的。许多动物确实也能以一种非常原始的方式区分"多""少"的概念，但人类这个物种已经在很大程度上超越了狩猎采集者这个身份，进入了更先进的文明（可以在脸谱网上浏览可爱的猫咪视频）。但对亚马孙雨林深处的毗拉哈部落来说，他们的生活方式仍然和古时候一模一样。他们的计数系统只能数"1""2"，然后就是"很多"了。与之类似，居住在坦桑尼亚境内、东非大裂谷中部附近的非洲哈扎部落最多也只能数到 3。这两个部落的群体生活似乎不需要使用诸如107这样具体的大数。但绝大多数人类都会更进一步，通过加、减、乘、除等简单的算术运算，在抽象的数字概念之间建立各种各样的联系。

在没有发生突变的情况下，人类出生时就有10根手指，这些手指简直就是老天为我们准备的算盘。因此，许多文明发展出了十进制（以10为基数的）计数系统，并不是一种巧合。英语中表示数字的词来自拉丁语的"*digitus*"，原意是手指。曾经有学生问我，如果人类出生时都像忍者神龟一样，每只手只有3根手指，会怎么样呢？如果总共有6根手指，那么人类或许会发展出一个以6为基数的计数系统——或许我们还会生下来就喜欢吃比萨，而且喜欢表演虎虎生风的武术动作！

下面我来解释一下基数到底是干什么的。十进制计数系统是我们都熟悉的，它以10为一组，利用0，1，2，3，4，5，6，7，8，9这10个符号表示我们知道的所有整数。然后，我们以10为单位，把数字分成不同的批量（例如10，20，30，100，500，100 000等），这些批量都可以被基数10整除。从我们使用的集合名词（比如年代、世纪、千年）中，就可以看出这个特点。有趣的是，我们认为理所当然的集合名词，比如板球中的100分[①]或《全世界"十大"博览》中的"十"，

[①] 板球运动中的"100分"，英文为"century"，原意为世纪。——编者注

都来自我们的主观选择，基于我们的十进制系统。对于忍者神龟来说，出版《全世界"六大"博览》同样是很自然的事（在这个平行宇宙里，年轻的忍者神龟罗伯托也会慢慢喜欢上数学，还会喜欢上编制以 6 为单位的各种清单）！

如果我们以 6 为基数，那么我们的计数将遵循以下顺序：0，1，2，3，4，5，然后就会进位到 10（在这套系统中就是 6），11，12，13，14，15，再然后进位到 20（这个计数系统中的 20 等于我们使用的十进制系统中的 12）。所以，下次你在购买价格为 10 英镑的西汉姆联队观赛指南时，不妨试试这个：你可以付给对方 6 英镑，然后告诉他你不同意英镑以 10 为基数。当然，你要做好随时逃跑的准备！

酒吧问答游戏中经常问到的一个问题是哪个国家现在使用的语言种类最多（不包括方言，否则伦敦就有可能胜出）。根据 2018 年的"民族语：世界语言"研究，巴布亚新几内亚——位于澳大利亚北边，占据了地球上第二大岛屿东部的国家是这个纪录的拥有者，一共有 841 种语言。据说这个国家的各个部落拥有的计数系统数量也最多，大约有 900 种（这也许并非巧合）。在阿兰布拉克语（Alamblak）中，只有 1，2，5 和 20 这四个数有专门的词表示，其他所有的数字都是由这些词构成的。另一种语言——奥克萨普明语（Oksapmin）使用的基数是 27，因为他们使用 27 个身体部位帮助计数。需要表示大于27的数时，他们就会用"1人"来表示进位量。因此，50这个数用"1人"（27）和"左手拇指"（23）来表示。

在人类早期历史中，人们通过在木条或石头上刻画凹痕的方法来记录一些东西（可能是谷物或者其他食物的数量），这是他们自然而然就能想到的办法。他们把每10个东西归为一组，用一个符号表示一组，重复使用表示有多组。表示10的符号之后再跟着一系列重复的表示1的符号。比方说，古埃及人用竖线表示1，用仿佛是一顶高帽子的符号"^"表示10。由于他们习惯于从右向左书写，因此数字25就会被写成IIIII^^。与之不同的是，巴比伦人的数字系统使用60作为基数，因此从1到59的每一个数字都要使用不同的符号表示（就好像在我们使用的十进制系统中，1到9都有专门的数字）。直到今天，巴比伦人使用的60进制仍然影响着我们，尤其体现在我们的时间系统（角度测量中的秒与分以60为单位进行换算）和几何学（三角形内角和为180度，圆的一周为360度）中。

巴比伦人提出的最实用的概念是"位值"，即数字因为在序列中的位置不同而表示不同的值。以444这个数为例，从左到右的三个4根据它在这个数中出现的位置不同，分别表示400、40和4。这在我们看来很平常，但对于巴比伦人而言，这是一个革命性的突破。

接下来的一个飞跃是数字 0 的发明，这个发明似乎于公元前 3 世纪前后发生在我的祖先所在地——印度。今天，凭借由 0 和 1 构成的二进制系统（以 2 为基数），计算机正以惊人的速度把我们每个人联系在一起。

数数对我们来说是一件再自然不过的事，在我们周围随处可见，甚至在我们的流行音乐文化中也是如此。从小，我们就会接触"一二三四五，上山打老虎"①和"一，二，系好鞋带儿"这些经典的童谣。随着孩子们开始接触成人音乐，数字在歌词中仍然极为常见。例如，由喜剧演员转型为说唱歌手的"大鲨鱼"（Big Shaq）2017 年的热门歌曲《男人不热》（Man's Not Hot），在一开头就唱道："二加二等于四，四减一等于三，这是小学数学。"

确定好数字之后，就可以进行比较了。如果我有 2 辆玩具车，而我表弟有 4 辆玩具车，我就可以确定我还得有 2 辆玩具车，才会和表弟拥有的一样多。在这个基础上，我们可以对每个人按照拥有的物品进行逐项排序了（例如，按照拥有的汽车数量排序）。

---

① 原文为"1, 2, 3, 4, 5, once I caught a fish alive"（一二三四五，有一次我抓住了一条活鱼），是用谐音方法帮幼儿学习数学的英文顺口溜，此处用中文中类似的顺口溜代替。——编者注

我们可以利用各种各样的统计技术，来发现数据所代表的含义。首先，我们从自然数（1，2，3等用于计数的数字）开始，学习最基本的数字。接着，我们开始理解负数和0（–3，–2，–1，0，1，2，3），并逐渐扩展到所有整数。不仅如此，我们还可以进一步深入到有理数（可以表示为分数的数）的世界，然后是无理数、不尽根数、质数（也称素数）……不过，这就是另一段旅程了。

但现在我忍不住要讨论一下质数。质数是数学的基本组成要素，就像化学中的原子或艺术家的调色板一样。质数包括2，3，5，7，11，13等，是指大于1且只能被1和它本身整除的数。17是质数，因为它只能被1和17整除；而10不是质数，因为它除了1和10以外，还可以被2和5整除。

质数之所以令人着迷，部分原因在于所有大于1的非质数（合数）都可以表示为质数的乘积。例如，30可以写成 $2 \times 3 \times 5$，2、3和5都是质数。同样地，123 456 789 可以表示成 $3 \times 3 \times 3\,607 \times 3\,803$。

质数不仅带给我们数学的美感，还为现代技术的安全性奠定了基础。很多加密算法的安全性都是基于质数的一个特点：两个很大的质数和乘积很容易计算，但是这个过程的逆向过程极为困难（即使借助计算机，也不容易解决）。对于比较小的数（如 $21 = 3 \times 7$），把它分解成两个质数的乘积很容易。但是要找到一个非常大的数是由哪两个（或多个）质数相乘而得，就不是那么容易了。事实上，寻找一种能够快速执行该任务的算法是计算机科学领域最大的未决问题之一。

到目前为止，数学家一直无法推导出可以高效地将大数分解成质数的公式。对于 24 这样的小数字，我们可以很容易地完成质因数分解并得出 $2 \times 2 \times 2 \times 3$ 这个结果。我们也可以借助某些技术将大数分解成质数，但如果我们对 400 或 500 位的数使用这些方法，那么即使是世界上最先进的计算机，也要花长到难以想象的时间才能完成这项任务。这里所说的"长到难以想象的时间"，是指比地球年龄还要长的时间。对于一个非常大的数来说，质因数分解所需的时间可能比宇宙存在的时间还要长。

因此，下次你发送安全的即时通信软件 WhatsApp 消息、进行在线交易或者使用自动柜员机时，要记得，为你提供保护的很可能就是大质数乘法。

即使是在自然界，质数也能发挥它的影响力。美国东部有一些蝉类昆虫，每隔 7 年、13 年或 17 年就会破土而出。它们通过演化自然形成了这种节奏，利用间隔质数年露面的方式来尽量减少与捕食者遭遇的机会。昆虫学家斯蒂芬·杰·古尔德在他 1977 年出版的畅销书《自达尔文以来》

（*Ever Since Darwin*）中解释说，这些昆虫的潜在捕食者的生命周期通常为2~5年。

如果捕食者的生命周期为5年，而蝉每15年出现一次，那么蝉每一次破壳而出时都会遭遇捕食者的捕杀。但是，如果蝉出现的周期是比较大的质数，那么它们正好遇到捕食者的可能性就会大大减小。例如，假设蝉的周期为17年，那么它们每85年才会与捕食者遭遇一次（85 = 17 × 5）。由于13和17是质数，如果蝉间隔这么多年出现一次，捕食者就无法借助任何更小的数来追踪它们的生命周期。这些昆虫利用质数来增加它们的生存机会，的确是一件非常了不起的事。

最近，我在剑桥大学参加了一次教育学博士研究生研讨会，内容是讨论数学教育方面的研究进展。我的研究方向是理解"数学焦虑"产生的原因。另一位博士研究生（他的学位论文即将最终定稿）分享了他之前担任中学数学部主任时招聘数学老师的经历。他快速地接连问了我3个关于数据处理的问题，这些是他经常问求职者的问题。

⋈

第一个问题："什么是众数？"

我回答道："众数就是一组数据中出现次数最多的

那个值。"

第二个问题："什么是中位数？"

"中位数是把一组数据按升序（也就是从小到大）排列后处于中间位置的那个值。"

最后一个问题是："什么是平均数（mean）？"

我回答说："平均数就是用一组数据中所有数据之和除以这组数据的个数得到的数。"

▷◁

我掉进了一个经典的陷阱。诚然，平均数可以用我提出的那个方法计算，但是他问我的是平均数的含义。精确是数学研究的要求之一，而我的回答没有给出平均数的确切定义，只是给出了平均数的计算过程。

平均数是一组数据的平均值（average），在计算过程中可以被视为这组数据的中心值。利用平均数，我们可以用一个数值表示一组数据。其中的差别是很细微的，但是如果我们利用上述方式计算出算术平均数，这个数值就可以用来表示这组数据。《牛津英语词典》将平均值定义为"一组数据中表示中心值或典型值的数字，具体来说，指众数、中位数或者平均数（其中平均数最常用）"，其中平均数可以利用前面介绍的方法计算出来。

因此，当被问及某个公司的平均工资或者某个国家的人口平均预期寿命时，我们其实是希望用一个数来表达这组数据（包含公司的全体员工或国家的所有人口）的典型值。我们通常指的是算术平均数，但要谨慎对待统计数据，我们必须始终清楚我们使用的是哪个平均值。

因为美国作家马克·吐温等人的缘故，"谎言、该死的谎言和统计数字"这个说法在大西洋两岸广为流行。马克·吐温把这句话的来源归于19世纪的英国首相本杰明·迪斯雷利，因为迪斯雷利似乎说过这样一句话："世上有三种谎言：谎言、该死的谎言和统计数字。"因此，尽管这句话的出处存在争议，但它传递出的信息是，我们在实际应用中接触到数字时必须小心谨慎。

想象一下，假设我告诉你有两个可选择的工作机会。A公司和B公司各有10名员工，他们的平均年薪都是2.2万英镑左右。如果你收到了这两家公司的工作邀请，那么理论上这两家公司对你来说应该没有优劣之分。但在这种情况下，知道如何正确使用数据和平均值，就会对你的决定产生非常重要的影响。首先，这里使用的平均值是算术平均数：先计算出工资总和，再除以员工数。但是，进一步挖掘这些数据，你就会发现现实具有欺骗性：

⋈

　　A公司有9名员工每年挣1万英镑，而老板每年收入是12万英镑（1万英镑、1万英镑、1万英镑、1万英镑、1万英镑、1万英镑、1万英镑、1万英镑、1万英镑、12万英镑）。

　　B公司有9名员工每年挣1.5万英镑，而老板每年收入是8万英镑（1.5万英镑、1.5万英镑、1.5万英镑、1.5万英镑、1.5万英镑、1.5万英镑、1.5万英镑、1.5万英镑、1.5万英镑、8万英镑）。

⋈

　　这样一来，真相就一目了然了。B公司显然更适合大多数员工，但平均数容易让人产生误解。在这个例子中，我们可以借助薪酬的众数或中位数（中位数更好），做出更好的选择。B公司的薪酬中位数是1.5万英镑，对你来说显然是一个更有利的选择（当然，如果你得到的工作邀请是担任首席执行官，那就另当别论了）。

　　从英国经济这个宏观角度来看，这个例子所反映的微观问题就会变得非常清晰。2007年，英国约2/3的劳动人口的收入低于薪金的平均数。此处暂停，思考一下。出现这种情况，就意味着剩下的1/3的劳动人口中肯定有一些人的收入超过了平均水平，而且是远远高于平均水平。由于收入分配的缘故，收入极高者使平均数发生了扭曲。因此对于这类数据来说，平均数不是一个有效的度量标准，而薪酬中位数（处于中间位置的人的收入）更能反映"平均"收入。在我举的那个例子中，异常值会破坏算术平均数代表全体人口的可靠性。

所以，当我们开始学着数1，2，3等自然数的时候，我们的数字之旅就开始了。接着，我们遇到了负数，学会了如何用数字表示事物之间的关系，即使我们有的时候看不到这些事物也不要紧（我们可以看到2辆玩具车，但不能看到–2辆玩具车）。再然后，我们学会了对一组组数据进行比较，试着找出谁跑得更快，哪支足球队排名更高，哪所房子更值得买。数字给了我们一个客观的框架，使我们的主观观点有据可依。美国社会学家、民权活动人士 W. E. B. 杜波依斯有句话说得非常好："掌握了数字之后，你看到的实际上就不再是数字，就像你读书时看到的不是单词一样。你看到的将是数字所表示的意义。"

趣味问答

66　　加雷斯·索斯盖特的足球到底有多重？　　99

让英格兰国家足球队主教练、创造西装马甲奇迹[①]的加雷斯·索斯盖特来测试一下你对统计平均值概念的掌握程度吧。他给他的英格兰队出了一道数学题。

索斯盖特拿出 4 只足球，交给了他的 4 名队员：队长哈里·凯恩、守门员乔丹·皮克福德，以及表演了电脑游戏《堡垒之夜》中舞蹈的杰西·林加德和德勒·阿里。这些足球的重量与寻常的足球不一样。索斯盖特给出了 4 条提示，然后要求队员们计算出每只足球的重量。

提示 1：这些足球的平均重量是 80 克。

提示 2：3 只较重的足球总共重 270 克。

提示 3：交给哈里·凯恩的足球最重，交给杰西·林加德的足球最轻，前者的重量是后者的 3 倍。

提示 4：重量排在中间的 2 只足球正好一样重。

这些足球分别有多重？

---

① 西装马甲奇迹：指 2018 年世界杯期间，索斯盖特在教练席身穿的西装马甲受到广泛关注，同款马甲销量大增。——编者注

2

如果没成功，那就多试几次

大数定律

⋈

幸运的博比在商店开业"限时抢"活动中拔得头筹。

博比·西格尔用时99秒，在北大街99便士商店中绕场一周，成为"限时抢"游戏的赢家。现年27岁的博比来自东汉姆。他在99秒内将37件商品装进了购物车，幸运地从40名参赛者中脱颖而出。

⋈

这是2011年12月我们本地报纸上一篇文章的开头部分。当时，我所在大街上的一家99便士商店为庆祝开业，举办了一场疯狂的"限时抢"竞赛，参赛者需要在99秒内将尽可能多的商品装到购物车中。这篇文章描述的就是我在那场99便士超市扫货活动中的取胜经过！

要参加这个比赛，每名参赛者都要提交一首四行诗。在商店剪彩时，获胜者还将当众朗读这首诗。所以，这次比赛不仅是一场幸运抽奖，还需要有一些文艺细胞。不过，从我提交的四行诗就可以看出，它对文艺水平的要求并不是很高。在12月的一个干冷的上午，我愉快地（我并没有觉得难为情）朗读了我那首令人不敢恭维的诗。

⋈

《寻找便宜货》

尽管经济衰退，口袋里没钱，但我仍然需要适当地装装门面。

要找到传说中的甜头，有时需要吃很多苦头！

但一旦发现有人跳楼大甩卖，我就会感到欢乐开怀。

99便士商店——便宜货随处可见！

⋈

从5岁开始，我就热衷于参加各种各样的比赛。我参加的那些比赛，有的毫无技术含量可言（例如只需用明信片提交自己的详细信息），有的需要查阅一点点资料（例如回答几个常识性问题），有的则或多或少需要具备一些技能（例如写诗、提交艺术作品，或者把自己装扮成自己喜欢的某个作品中的角色，然后拍一张照片交上去）。值得一提的是，为了做到与众不同，我把麦片盒子的正面切成两半，做成了我的明信片。我们当地的邮递员一定很困惑，因为每隔一两个星期，邮件中就会出现"玉米片""卜卜米""香甜玉米片"等麦片品牌（或当时流行的其他家庭装早餐麦片品牌）的包装盒做成的明信片。

那段日子我似乎十分走运，赢得了一系列令人眼花缭乱的奖项：在莱斯特广场的红地毯上见到了出席自己电影首映式的迈克尔·弗拉特利（以踢踏舞剧《王者之舞》等闻名）；比利时豪华游；够我吃一年的巧克力；高配置的笔记本电脑；一年的旅行保险；一次跳伞的机会（我还没来得及使用，它就过期了）；甚至还有一个儿童玩偶屋。我获得的这类奖项，足有上面提到的20倍之多。这是侥幸吗？难道幸运之神一直在眷顾我吗？我天生就是一名幸运儿吗？

我认为并非如此。我的朋友们经常对我说："（我们）从来没有赢到过任何东西。博比，你参加这类竞赛的运气真是太好了。"事实上，我的"运气"来自数学（具体来说，是一个名叫概率的数学领域）中的大数定律。简单地说，尝试的次数越多，你就越有可能得到想要的结果。每当我看到天鹅优雅地游过温莎附近的小河时，我和大多数观察者一样，都注意到了这些天鹅看起来是多么优雅、多么泰然自若。但我知道，天鹅浸没在水面下的两只脚正在疯狂地打着转，这样水面上的动作才会给人一种富有诗意的错觉。我参加的各类比赛也一样。旁观者只看到我取得了一连串的成功，但他们没有意识到在这之前我已经参加了几十次抽奖活动（不过，参加这些比赛是我的爱好，对我来说是一种享受，而不是艰难的考验）。

早在1993年，《辛普森一家》的某一集就让9岁的我认识到了概率的巨大作用（实际上还有无穷大的巨大作用）。观看这部美国卡通片是一种特殊的享受，因为它只在天空电视台播出，我只能在去表哥家做客（从我家到表哥家只有步行5分钟的距离）的时候看到。在他家的时候，除了这部卡通片，我可能还会看一会儿英超足球联赛，吃姑妈做的美味的南印度小吃。在那一集《辛普森一家》中，斯普林菲尔德发电厂老板伯恩斯先生在一间屋子里关了1 000只猴子，它们正在手忙脚乱地摆弄着1 000台打字机。伯恩斯先生希望他们能写出"人类已知的最伟大的小说"。然后，他拿起这些猴子辛辛苦苦打出的稿子读了起来："这是最美好的时代，这是最糟高的时代？"[①]在意识到自己的邪恶计划行不通后，他把稿子扔向那只"蠢猴子"。

---

① 这段文字原文来自狄更斯的《双城记》，原文是"It was the best of times, it was the worst of times"（这是最美好的时代，这是最糟糕的时代），但猴子拼错了一个单词，打成了"It was the best of times, it was the blurst of times"。——译者注

我了解伯恩斯的计划背后的理念，并在本地的东汉姆图书馆做了一些研究。东汉姆图书馆是爱德华七世时代用红砖砌成的一座漂亮的知识宝库，我年轻时在那里度过了许多时光。在前互联网时代，我只能咨询图书管理员，然后翻阅大量图书，最后才发现了这个笑话背后的想法：无限猴子定理。关于这个比喻的最初记载之一来自1913年的法国数学家埃米尔·博雷尔。该定理称，如果猴子在打字机上随意敲击键盘无数次，在其中某个阶段，它会打出莎士比亚全集或者任何特定文本，甚至是你现在正在读的这本书！（我确实建议我的编辑去伦敦动物园找出最聪明的猴子，让它们来写这本书，但他拒绝了我的提议，说猴子需要无限长的时间，因此可能会导致这本书无法如期出版！）

无限猴子这个比喻代表的是一个抽象装置，它可以产生无穷无尽的随机字符序列。遗憾的是，猴子打出一部完整的作品（例如艾萨克·牛顿在1687年出版的开创性著作《数学原理》）的概率非常小，即使是在比宇宙寿命——138亿年——还要长成千上万倍的时间里，发生的可能性也非常低（尽管理论上讲不是0）。但这条定理传递的关键信息是：在时间足够长（甚至比宇宙的年龄还要长很多倍）、重复次数足够多时，所有结果都有可能出现，甚至让猴子破解数学上已知的最复杂密码也不是绝对没有可能。

这个定理对我们有什么意义呢？我认为它证明了一个观点：如果某件事不太可能发生（或者用数学术语来说，它发生的概率接近0），那么我们可以不断重复尝试，以增加它发生的可能性，尽管这种可能性仍然很小。重要的是，这意味着如果你坚持尝试某件事足够长的时间，你达成所愿的可能性就会越来越大。这就是为什么我们说好运来自坚持。你越努力，你就越幸运。

让我们回顾一下几年前发生的一些事情。2016年确实是非凡的一年，至少从数学的角度来看是这样。我们见证了英国脱欧（赔率是5/1）带来的政治地震，唐纳德·特朗普令人震惊地当选美国总统（在某个阶段赔率一度达到150/1），以及莱斯特城在英超联赛中获得的令人难以置信的冠军（赛季开始时的赔率是5 000/1）。这一切是那么不可思议，如果你有远见地采用累计投注的方式，分别用1英镑博弈这3起事件的理论最佳结果，现在你就可以躺在金色的加勒比海滩上，在清新的海风中吸着古巴雪茄，喝着"椰林飘香"（菠萝汁朗姆酒），怀里还揣着450万英镑（此外还有一些零头，足够你过上一段花天酒地的奢华生活）。

实际上，准确的数字应该是4 503 906英镑。为了计算准确值，我们把赔率转换成概率。如果你看到一支不太被看好的足球队赢得比赛的赔率是5/1，这就表明庄家认为你押中的概率是1/6。赔率为150/1、5 000/1表示概率分别是1/151和1/5 001。由于这些都是理论上相互不影响的事件（除非唐纳德·特朗普在秘密资助莱斯特城），所以你可以将所有的概率相乘——(1/6)×(1/151)×(1/5 001)，得到的组合概率（也就是所谓的累计投注押中的概率）为1/ 4 503 906。

尽管所有这些事件似乎都不可能发生，但数学可以帮助我们理解这些事件是否真的出乎我们的意料。而除此以外，不大可能发生的事情发生的概率对于我们自己的生活又有什么启示意义呢？

我们可以看一个最平常的例子，这是我们很多人在学校课堂上都会遇到的——抛硬币。抛硬币可能得到两个结果：正面或者反面，得到两个结果的机会各有一半。当然，一些学生会告诉我，硬币有时候可能既不正面朝上也不反面朝上，而是立着。但数学总是离不开假设，我们假设这是一枚公平均匀的硬币，正面和反面朝上的概率是相等的。如果我抛一次，可能会得到正面；抛第二次，可能得到反面。抛第三次，或许会再次得到正面。

每次抛硬币，得到正面的概率都保持不变，不受前一次抛硬币的影响。但是，随着抛硬币的次数越来越多，我就越有可能逼近正反面各50%这个理论概率。

这也是大数定律的一个证明。很简单，你做某事的次数越多，结果就越不可避免，或者说真实的结果与理论期望越接近。在我担任雷曼兄弟银行金融市场交易员的那段日子里，我清楚地意识到了这一点。当时，整个股市热情洋溢，预测者认为收益将一直持续下去（"过去的收益不能预测未来的表现"的警告似乎被当成了耳边风）。

历史可以给予我们一些关于大数定律的启示。1940年，被关押在丹麦纳粹战俘营的英国数学家约翰·克里奇（John Kerrich）对这一理论进行了检验。监禁期间，他坐在单间牢房里，心平气和地扔了10 000次硬币（这是我的那些注意力持续时间越来越短的年轻学生们很难理解的）。在抛了10 000次硬币（这需要花很长时间）之后，他累计得到了5 067次正面，占比50.67%。随着抛硬币的次数增加，平均值会向理论上的50%收敛。他在《概率论实验导论》这本篇幅不长的著作中描述了这次实验，以证明这条概率基本定律通过了实验验证。从数学的角度来看，经验主义主张使用经验或观察证据，而不是理论证据。克里奇成功地证明实际抛硬币的过程中统计数据中正面朝上的比例逐渐逼近50%这个理论值。在计算能力和数字化实验能力大幅提升之前，他的实验一直被认为是一次经典的实证数学研究（同时也是令人痛苦的重复性活动——有一次，我准备做100次抛硬币实验并记录结果，但做到最后我头脑一片混乱，手就像不是自己的！）。

这个实验结果对我们来说可能是显而易见的，但大数定律的确意义重大。它告诉我们，只要有足够的时间，某些事情一定会发生，不管它发生一次的概率是多少。奢华炫目的赌场可能会在某一次轮盘赌中赔钱，赌徒也有可能在老虎机上赢一大笔钱。但随着时间的推移，赢钱的肯定是赌场，因为概率站在他们一边。轮盘转的次数越多，投进老虎机里的硬币越多，结果就越能真实地体现概率。这就是大数定律的力量。具有讽刺意味的是，在赌场里玩的人越多，赌场赢的可能性就越大。

*

你舒舒服服地坐在火车上，即将开始一次长途旅行。这时，你突然发现你的前女友/前男友竟然坐在同一节车厢里。你是否有过这样的经历？

有时候奇怪的巧合会超出你的想象。2018年，在加雷斯·索斯盖特率领下出征世界杯的英格兰足球队一共有23名球员，其中有两名生日在同一天。2018年5月28日，后卫凯尔·沃克和约翰·斯通斯分别年满28岁和24岁。这似乎是难得一见的巧合，但数学上的生日悖论告诉我们，在包含23名球员的球队中，出现有两人生日在同一天的情况比不出现这种情况的可能性更高。

23人球队中有两个人同一天生日的概率是50.9%。要计算出有两个人同一天生日的概率，我们可以从反面入手：计算出每个人生日都不在同一天的概率。因此，我们先计算23个人生日各不相同的概率。

对于第1名队员来说，他的生日100%是独一无二的，因为所有日期都没有被占用。对于第2名球员来说，只有生日是某1天时才会与他人生日相同，但其他364天都没有被人占用。所以第二名球员生日独占一天的概率是364/365，第三名球员的概率是363/365。同理，我们可以一直推算出第23名球员的概率是343/365。

把所有这些概率相乘，就可以计算出所有23名球员生日各不相同的概率，即365/365 × 364/365 × 363/365 × ⋯ × 345/365 × 344/365 × 343/365 = 0.491。因此，出现生日在同一天这种现象的概率是1 – 0.491 = 0.509，即50.9%。（注意，在解决这个问题时，我们没有考虑闰年的情况。）

我本人就曾经历过一件看似不可思议的事情。2014年，我在剑桥大学休斯学堂接受教师培训。在圣诞期间，我们有一个短假。我的兄弟姐妹们经常在短假期间一起出去探险，通常是乘坐瑞安航空公司的短途航班去欧洲某地。但这一次，我们去了美国西海岸。我们住在世界赌城——迷人的拉斯维加斯，然后去科罗拉多大峡谷开始了为期一天的探奇之旅。至今我还记得小时候看到电视上重播的魔术师大卫·科波菲尔"悬空"跨过大峡谷的情景。所以，乘坐直升机穿越峡谷，在一定程度上实现了我儿时的梦想。

这里离我生活的英国有几千英里。然而就在这时，我感到有人拍了一下我的肩膀，然后耳边响起一个带着英国口音的声音："是你吗，博比？"我转过身来，令我（和我的家人）大为惊讶的是，身后坐着的竟然是同在剑桥大学当老师的一名同事。世界如此之大，她竟然也出现在美国，出现在大峡谷，出现在直升机上与我们相邻的座位上！这是多么难得啊！有人可能会说，这就是一个奇迹。

但数学可以再次帮助我们理解为什么会发生这种情况。让我们回到剑桥大学城，重温一下20世纪60年代嬉皮士的生活吧。1968年，剑桥大学教授约翰·利特尔伍德提出，根据大数定律，只要样本足够大，任何离谱的事情就都会发生。利特尔伍德定律认为，平均而言，我们每个月都可以经历一次发生概率仅为百万分之一的事件。他将"奇迹"定义为发生概率为百万分之一的事件。

利特尔伍德的理论似乎很容易理解。在一天中，我们头脑清醒的时间有8个小时。在这段时间里，我们每秒都可以看到、听到一个事件。通过基本的数学运算（8小时×60分钟×60秒）就可以算出，一天下来就是28 800个可能的事件。也就是说，在一天的时间里，我们大约可以见证近3万个不同的事件。这些事件大多平淡无奇（比如看到红绿灯变绿或者在早上听到杜鹃鸟的鸣叫声），但只需35天我们就会见证超过100万个可能事件（准确地说是34.72天，这里涉及的数学运算同样非常简单，只需用100万除以28 800）。

因此，平均每个月，我们每个人身边都会发生一起概率为百万分之一的事件。在全球人口超过76亿的情况下，每天全球各地的人们肯定都会遇到一些几乎不可能发生的事情。这就是不可能事件的必然性。我们只注意到了它们的发生概率极低，但似乎忘记了这个简单的事实。

赌徒们可能会记住他们在幸运时取得的胜利，而忘记他们在不走运时遭受的损失，也是出于同样的原因。作为一名职业交易员（同时也是一名体育迷和长期经历痛苦的西汉姆联球迷），我也为自己犯过这样的错误而感到惭愧。同样的道理也适用于通灵者。他们做出大量的预测，就是希望你记住那些被他们成功命中的预言，而不是那些没有命中的预言。

所以，如果你觉得这一天、这一周，甚至这一年过得不顺心，就把它归咎于不可能事件的必然性吧！不过，小心不要落入赌徒谬误的陷阱。你在赌场看到轮盘连续4次都停在红色区，是不是想过它早就应该停到黑色区了？如果是这样，就说明你受到了错误数学观念的蒙蔽，错以为如果某一事件在某一特定时期内发生的频率高于正常值，它在未来发生的频率就会降低。假设结果确实是随机的（赌场没有通过某种手段欺骗你），并且轮盘赌的结果是由随机过程的独立试验产生的，那么连续4次红色并不意味着下一次即将出现黑色。就独立事件的概率而言，未发生事件不受之前结果的影响。

赌徒谬误最早的书面描述之一是由法国数学家皮埃尔-西蒙·拉普拉斯于1796年完成的。拉普拉斯不仅是天文学领域的专家（他是最早提出黑洞假说的科学家之一），还经常被称为法国的艾萨克·牛顿。在《关于概率的哲学随笔》一书中，他描述了男人是如何计算自己的妻子生儿子的概率的：

⋈

　　我看到一些人热切地希望生一个儿子，但他们只能焦急地等待着，一直等到自己即将成为父亲的那个月，才知道自己有多大可能会生儿子。他们认为每个月出生的男孩与女孩的比例应该相同，因此，如果前面的产妇生的是男孩，他们就会认为后面的产妇生女孩的可能性更高。

⋈

拉普拉斯告诉我们，如果其他人生了儿子，这些准爸爸就会非常担心，因为这意味着他们更有可能生女儿，只有这样才能保证生男孩的概率保持不变。这就是赌徒谬误。每个孩子的出生都是相互独立的，如果生男孩的概率是50%，那么不管那个月在当地医院或者其他任何地方出生的男孩有多少，这个概率都不会变化。

所以说，大数定律可以帮助我们拨开笼罩在随机事件上的团团迷雾。大数定律指出，随着试验或观察的次数不断增加，实际概率就会逐渐接近理论或预期概率。如果你只关注单个事件的发生概率，就会觉得很多事情都不太可能发生，因为它们的概率接近0，发生的可能性很小。但是你需要知道这个实验会运行多少轮，因为只要时间足够，轮盘旋转的次数足够多，即使是很难发生的事件，最终发生的可能性也会变得越来越大。

因此，对于那些看似很可能不会发生的事情——比如在比赛中获奖，我通常不会放弃，而是尝试着用更乐观的眼光看待生活。有些人可能会说这是盲目的乐观主义，但我更喜欢鲁德亚德·吉卜林在他的诗作《如果》中鼓励我们坚持不懈的那两行诗句：

⋈

全身上下已经一无所有

唯有意志仍在高喊："坚持住！"

⋈

　　我的卧室里有这首诗的招贴画，它贴在墙上已经有二十年了。它忠实地反映了我的信条：更好的机遇说不定转瞬即至（正如我的足球主队西汉姆联的队歌《我永远在吹泡泡》唱道："运气总是东躲西藏，我已经找遍每个角落"）。我相信，只要我们一直寻找下去，就一定会有收获。生活可能充满挑战，也可能给我们设置了重重障碍。但我相信，你尝试的次数越多，成功的可能性就越大。根据大数定律，"如果一开始你没有成功，那就再试一次"这句话看似疯狂，实际上却富有理性。

趣味问答

春节快乐！

在为迎接中国春节而举办的一次活动中，你赢得了与很多动物一起出席晚会的机会。继2016年的猴年、2017年的鸡年之后，2018年，我们欢庆狗年的到来。

晚会在动物园举行，受邀嘉宾有狗、鸡和猴子。

其中，狗的数量是鸡的两倍，鸡的数量是猴子的两倍。

假设所有的狗都有4只脚，所有的鸡和猴子都有2只脚。如果出席晚会的所有动物一共有88只脚，那么狗、鸡和猴子分别有多少？注意，你的脚不包括在内！

3

收藏，收藏，疯狂地收藏

收藏爱好背后的数字

我父亲的童年是在印度南部的喀拉拉邦度过的，他曾经是一名业余火花收藏爱好者。"火花是什么？"你或许会问。火花收藏爱好者（phillumenist）一词源于希腊语"*phil*"（意思是"爱"）和拉丁语"*lumen*"（意思是"光"）。火花收藏是指收集火柴的相关物品，就我父亲而言，就是指收集火柴盒。除了火柴盒，父亲还收集鹅卵石、贝壳、大理石等物品，但数量不多。

收藏这种嗜好不是天生的，而是后天培养出来的（在此谨向法国学者西蒙娜·德·波伏娃①致以歉意）。虽然我们不能通过遗传继承父母的爱好，但它们往往可以潜移默化地影响孩子。我父亲鼓励我和哥哥积极培养收藏这个嗜好。在我们还很小的时候，我们就会自然而然地对存储物品产生兴趣。我们当中有的人喜欢微型玩具汽车，有的人喜欢石头、

---

① 此处化用了波伏娃的女性主义名言："女人不是天生的，而是被塑造成的。"——编者注

松果、贝壳等天然物品，还有人收集一些简单的家居用品，比如各式各样的布料或纽扣。

一开始，为了培养我的收藏爱好，父亲给了我一些硬币和邮票，这为我后来成为一名业余的钱币收藏和集邮爱好者奠定了基础。我们的家乡东汉姆地区有很多令人愉快的慈善商店，它们是我们这些钱币和邮票收藏爱好者搜寻猎物的天堂。与此同时，我们还会向世界各地的亲朋好友求助，请他们把平时遇到的稀奇古怪的钱币或邮票寄给我们。

因为集邮，我开始思考用不同的方法对物品进行分类。在没有受过训练的外行眼中，所有的邮票都一样，都是贴在信封正面的一小块有黏性的纸片，表示寄信人已经支付了一定金额。但一旦你开始收集邮票，你很快就会发现，你还可以通过各种各样的组织和排序方法，为这些藏品赋予一定的含义。尺寸、原产国、状况、颜色、年代、是否使用过……这些只是最明显的分类方式。帮助孩子们学会比较并描述从外表看非常相似的物品，有助于他们掌握不同的测量方法。在收藏的邮票中寻找模式——把它们变成一种数据集，使我发现了各个数字之间的相互联系。

我对集邮的热情在1995年4月29日达到了巅峰，那是一个暖洋洋的星期六。我清楚地记得我们那天乘坐伦敦地铁的情景：车厢里挤满了热情洋溢的橄榄球联赛球迷，他们有的穿着利兹队的黄-蓝色球衣，有的穿着维冈队的樱桃红-白色球衣（这是一种对不同球迷进行分类的方法）。那天是挑战杯决赛——挑战杯是橄榄球联赛中历史最悠久的淘汰赛。在当地地铁站和温布利球场之间的温布利大道上，旗帜一路高高地飘扬。但我最终的目的地不是那个著名的国家体育场，而是附近的温布利展览中心，因为我要参加的是"邮票1995"展览，这场为期4天的展览展出了关于集邮的一切。

我当时是个11岁的孩子，这次展览给我一种梦游仙境的感觉。我徜徉在一排排展架之间，一面欣赏来自世界各地的邮票，一面听参展商和顾客讲述他们获得这些邮票的奇特经历。后来，我也参加过一些其他的精彩展会，比如动漫展（会场挤满了衣着华丽、装扮成超级英雄的游客），但它们都没有像1995年的邮票展那样让我兴奋不已。那天我最大的收获是一枚破损但价格合理的"红便士"邮票。"红便士"是在"黑便士"之后发行的（"黑便士"是公共邮政系统使用的第一枚带胶邮票），正面是宝相庄严的维多利亚女王头像。

我虔诚地捧着这枚邮票回到了东汉姆，然后将它稳妥地放到我的集邮册中。遗憾的是，这么多年过去以后，我们无法确定集邮册到底扔哪儿去了（我们家有好几千本图书，要找到这本集邮册并不是一件容易的事），但我仍然希望，说不定哪一天，它会在不经意间出现在我们眼前。毕竟，那枚邮票现在可能价值几百英镑呢！

那么，我们为什么要收藏东西呢？仅仅是为了有事可做吗？还是说把它当作一种储蓄，指望着多年后收藏品升值？收藏不仅仅是孩子们从事的活动。电视节目主持人乔纳森·罗斯收集稀有漫画书，女演员安吉丽娜·朱莉收集刀具，摇滚歌手罗德·斯图尔特收集铁路模型，演员约翰尼·德普收集特别版的芭比娃娃，汤姆·汉克斯收集打字机。不仅孩子们喜欢躲在卧室里摆弄他们的收藏品，成人世界中的一些有钱人、名人也喜欢收藏物品。

在英国，大约有1/3的人有这种嗜好。大约12 000年前，人类放弃了游牧生活并定居下来，这个变化为我们产生收藏的欲望创造了条件。物品收集似乎是人类特有的消遣方式。一旦我们收集了大量喜欢的东西，接下来我们就会对这些物品进行排序和分类。导致这一现象的原因之一是一种叫作禀赋效应的心理学现象：一旦我们拥有了某些物品，我们往往会更珍惜它们——这似乎表明，担心失去所拥有物品的焦虑之情比新收获带给我们的兴奋之情更加强烈。

正如我之前提到的，我最珍贵的一部分东西是我在20世纪90年代中期收集的几册英超球星贴纸簿（几乎收集全了）。这些贴纸并不是特别罕见，即使转手也不会有多大价值，但它们对我来说就是无价的（换句话说，它们具有情感价值）。对大多数理智的成年人来说，"帕尼尼"这个词[①]让人联想起新鲜出炉的意大利三明治和它的味道。但是，如果你跟孩子们，尤其是那些喜欢足球的孩子们提到"帕尼尼"这个词，他们首先想到的是收集贴纸。（如果你对足球不感兴趣，那也没有关系，因为帕尼尼公司提供的贴纸收藏品主题包罗万象，包括蜘蛛侠、小马宝莉、超能战士、坦克引擎托马斯，他们甚至出版了官方的《神秘博士杂志》。）

在欧洲锦标赛、世界杯等重大国际足球赛事开幕之前，帕尼尼公司生产总部的机器都会加班加点地运转。自动包装机不知疲倦地每周工作6天，每天工作21个小时，把大约800万张印有数百名球员照片的贴纸包装起来。

通过粗略的计算，我们就可以根据英国的售价计算出该公司的销售总额。在最近的2018年世界杯期间，一包贴纸包含5张，售价80便士。一共800万张贴纸，5张一包，用除法就可以计算出一共有160万包。按每包80便士计算，总销售额为128万英镑。对于只销售印刷在贴纸上的足球运动员照片这样的业务来说，这个销售额已经很不错了！

---

① 帕尼尼（Panini）是意大利语，原意是指意大利的一种传统三明治。帕尼尼集团是成立于20世纪中叶的一家意大利公司，以球星卡、贴纸以及相关产品为主要经营项目。——译者注

但除了帕尼尼贴纸的销售总额以外，我们还可以用数学知识计算出消费者购买这些贴纸要花多少钱。请注意，这可不是一笔小钱！如果你是一个小孩子，需要说服父母给钱让你收集贴纸，那么我劝你不要让他们看到本书接下来的几页，除非你想让他们得心脏病，或者让他们劝你换一个花不了多少钱的爱好——比如收集石头或者某些免费物品！

接下来，我们开始计算。

2018年世界杯共有32支球队参赛。每支球队有18名球员被收入贴纸簿（真正的球队有23名球员）。此外，还有该队全家福和所在国标志的贴纸，所以每支参赛队总共有20张贴纸。至此，贴纸总数为20 × 32 = 640张。但是，还要加上各种各样的世界杯贴纸，包括俄罗斯的几座体育场，以及世界杯相关的其他物品（比如奖杯和足球等），合计32张。所以，贴纸总数变成了640 + 32 = 672张。最后，还有10张关于世界杯传奇人物以及有史以来最具标志性球队的贴纸，使最终的贴纸总数达到了682张。

一包5张装的贴纸售价80便士，所以每张贴纸售价16便士。如果我们可以一张一张地购买这682张贴纸，我们需要付出682 × 0.16 = 109.12英镑。但是，由于贴纸包是5张一包的，所以你最少需要购买的贴纸总数必须可以被5整除。也就是说，你至少需要购买685张贴纸，也就是137包，总共花费109.60英镑。

但是，如果你以前买过贴纸，你就会知道：购买137包贴纸，拆开发现所有贴纸都不重样，几乎是不可能的。如果你知道有这样的幸运儿，我建议你让他们告诉你下星期六开奖的彩票，告诉你哪匹马将在下一届全国赛马大会上夺魁，并为你预测下一次比特币热潮何时到来！不过，109.60英镑将是我们付出金额的数学上的理论最小值，在这种情况下我们买的所有贴纸包几乎都没有重复，刚好凑齐了所有682张。

然而，对于一个典型的收藏家来说，真正的问题是你平均要买多少张才能收藏齐全贴纸。乍一看，这个问题似乎无解，但通过巧妙的数学计算，我们可以利用概率模型找出答案。我们的灵丹妙药是修改版的"优惠券收集问题"，我们不妨将其称为"贴纸收集问题"。这有助于我们描述这些需要"收集所有贴纸才能取胜"的比赛。在这类问题中，我们的目标是购买各种各样的对象，以最终拥有一套完整的对象。每次购买我们都会随机得到一个对象，并且每次购买都不受之前购买活动的影响。在我们这个例子中，目标是填满整个贴纸簿，成就永恒的荣耀。从数学上讲，我们需要计算购买到我们尚未拥有的贴纸的概率。随着我们收集的贴纸越来越多，我们尚未拥有的贴纸就会越来越少，因此在我们下一次购买一包贴纸时，其中有我们尚未拥有的贴纸的概率也会越来越小。

我们购买的第一张贴纸肯定不会是我们已经拥有的贴纸，因为我们还没有任何贴纸。当我们购买第二张贴纸时，我们的收藏品中没有这张贴纸的可能性是681/682（99.85%）。有了第二张独一无二的贴纸之后，我们可以计算出得到第三张独一无二的贴纸的概率为680/682（99.71%），以此类推。

如果我们用这个方法计算下去，一直到最后一张贴纸（即682/682 × 681/682 × 680/682 × 679/682 × … × 3/682 × 2/682 × 1/682），就会得到购买682张贴纸后就立即不重样地集齐全部贴纸的概率。这些分数的分子（即分数线上方的那个数字）依次减1：682 × 681 × 680 × … × 3 × 2 × 1。这叫作阶乘。阶乘是一个函数，表示一个数与所有比它小的数相乘。5的阶乘记5!，展开就是5 × 4 × 3 × 2 × 1（结果是120）。本题中分数的分子是682!。分母（分数线下方的那个数字）是682 × 682 × 682 × … × 682，一共乘682次。如果我们计算的是4 × 4 × 4 × 4 = 256，我们可以把它写成4^4，读作"4的4次方"。如果计算的是7 × 7 × 7 × 7 × 7 × 7 × 7 = 823 543，就可以写成7^7。因此，本题中的分母是682^{682}。也就是说，本题的计算结果是682!（682的阶乘）除以682^{682}（682的682次方）。分母比分子大很多，所以最后得到的分数非常小。我试图用在线计算器算出答案，但这个数字太接近0了，无法在这里写出来。因此，从数学上讲，你能一次购买682张贴纸而没有重复吗？不，不可能的，在我们这个世界是做不到的。

我们不准备计算出所有贴纸各不相同的概率，但我们希望计算出我们平均而言每次应该购买多少张贴纸，新购买的贴纸中才有没收集过的。这里涉及的数学运算有点儿复杂，请大家做好准备。

假设某事件发生的概率是p，那么平均而言我们需要尝试$1/p$次，才会得到这个结果。例如，如果西汉姆联队的队长马克·诺布尔在一场比赛中射门得分的概率是0.1，那么他平均需要打10场比赛才能得分（1除以0.1）。就我们的贴纸收集而言，我们需要计算出下面这个加法算式的结果：682/682 + 682/681 + 682/680 + … + 682/3 + 682/2 + 682/1。在数学上，我们称这样的和式为调和级数。我们可以通过这个数学公式估算上式的和：$n(\ln n + y)$，其中：

ln：自然对数（你平时使用的科学计算器上就有这个按键）

y：欧拉–马歇罗尼常数，约等于0.577

n：你需要收集的贴纸数

由于2018年世界杯全套贴纸一共有682张，因此 $n =$ 682。把这个值代入公式，就会得到：

$$682 \times (\ln 682 + 0.577) = 682 \times 7.102 = 4\,844\,（取整后的得数）$$

因此，我们平均需要购买4 844张贴纸才有望集齐全套。每包5张，就需要969包，总价775.20英镑。这比假设买来的所有贴纸均不重样的情况下的花费贵了6倍多。

如果你头脑反应快，就会注意到我们一开始采用的这个计算方法不是很正确，因为贴纸不是按张购买的，而是以每包5张为单位购买的。帕尼尼公司承诺每个包装里不会有重样的贴纸。

因此，我们的计算方法可以进一步完善：

(682/682 + 682/682 + 682/682 + 682/682 + 682/682 + 682/677 + 682/677 + 682/677 + 682/677 + 682/677 + … + 682/2 + 682/2 + 682/2 + 682/2 + 682/2)

（你会发现前5个数的分母都是682，紧接着的5个数的分母都是677，这表示每包贴纸有5张。）

= 682(5/682 + 5/677 + 5/672 + … + 5/2)

= 682(1 + 1/2 + 1/3 + … + 1/136)（我在这里稍微简化了一下计算过程……）

计算到这一步后，我们可以利用自然对数（即 ln）简化上述方程，得到：

682 (ln 136 + y) = 3 744 张贴纸，则共需购买 749 包，总价 599.20 英镑。

在解决这个问题时，我们使用了一个数学模型。在数学上，我们经常通过假设来降低计算的难度——在精确性和计算的简单有效性之间做出某种取舍。我们假设每张贴纸出现在我们面前的概率完全相同，也就是说，我们假设在现实世界中帕尼尼公司印刷的同一套的每张贴纸都数量相同，并且随机分布。至于他们是否会为葡萄牙队的罗纳尔多、阿根廷队的梅西等优秀球员准备同等数量的贴纸，则是另一回事。

此外，我们讨论的是一次买一包贴纸的情况。亚马逊网站上有很多优惠，一次购买100包的话还有折扣（想象一下一口气打开100包贴纸会有什么样的感觉！）。在现实世界中，成包购买贴纸的人也不太可能与世隔绝，他们肯定会与其他人产生联系。你会经常和朋友交换贴纸，这会减少你需要购买的贴纸数量。

此外，对于追求高效率、希望以最低的成本完成收藏的贴纸迷来说，还有一种投机取巧的方法。帕尼尼公司允许个人购买特定的贴纸，"仅限凑齐个人收藏之用"，每人限购50张。如果你不讲道德原则，招募地址各不相同的亲朋好友为你提供帮助，就可以毫不费力地完成这些收藏。要集齐682张贴纸，你还需要13个人心甘情愿地为你服务，每人订购50张贴纸。由于这些贴纸的价格为每张22便士，因此集齐全套贴纸需要付出682×0.22英镑，即150.04英镑（不包括运费）。

这说明了什么问题呢？这说明，如果你打算收集一组品种有限的物品，而且各个品种随机出现（就像那些贴纸一样），那么你（很可能）可以使用概率模型来帮助你确定需要花多少钱！集齐以后，你就可以把那些收藏品放到阁楼上，让它们在那儿吃灰。这一放就有可能放上几十年。

2018年3月，在2018年俄罗斯世界杯预热宣传之际，来自韦克菲尔德的利兹联队球迷乔纳森·沃德在易趣网上售出了他的1970年墨西哥世界杯帕尼尼贴纸簿，售价是惊人的1 550英镑。考虑到他付出的成本非常少（在当时，填满这本贴纸簿只需要几英镑），这是一桩相当不错的交易。再想想这本贴纸簿的磨损程度——少了6张贴纸，上面甚至还有他9岁时留下的潦草笔迹（他在杰克·查尔顿的姓名旁边写下了"利兹是最棒的"这句话）。虽然这本贴纸簿被从阁楼上翻出来时状况十分糟糕，但沃德先生还是成功地把它换成了真金白银。

愤世嫉俗者就是"知道所有东西的价格，却不知道任何东西的价值的人"，这是奥斯卡·王尔德1892年的喜剧《温德米尔夫人的扇子》中达灵顿勋爵说的一句话。从我在普华永道会计师事务所担任特许会计师的日子起，可能就有人用这句话来指责我！作为一名会计师，我的职责是确定一家公司资产负债表上各个项目的价格是否合理。初级会计师的一项最基本的工作就是参与"盘点"，亲自核查库存或仓库中所有物品的数量和状况。

孩提时代的收藏活动——无论是收集邮票、硬币还是收集贴纸，让我学会了通过分类来组织筹划。发现各种模式、看清事物与全局的关系是数学中很重要的一部分内容。就连我好不容易收集起来的那套音乐CD也能证明这一点：有一段时间我将它们按字母顺序排列，后来出于美观的原因，我又将它们按照外壳的颜色排列。我认为，对年轻人来说，培养收藏这个爱好，既可以让他们享受其中的乐趣，还可以让他们在考虑藏品的排序方式时加深对数字的理解。

我们可以利用新加坡数学教学中使用的一个类比，来帮助思考我们与数字之间的根本关系。这个类比从我们可以用手抓起来的"具体物品"开始，比如玩具车。孩子们能够数出这些东西的数量：1辆车，2辆车，3辆车，等等。建立起这个概念之后，接着让孩子们学习玩具车的"图画"表示，让他们知道画有1辆车的图和画有2辆车的图是有区别的。最后，让孩子们突破到"抽象"思维水平，使他们发现1辆车可以用数字1表示，2辆车可以用2表示。从此以后，孩子们就能不断加深对数学的理解，用这些数字进行加、减、乘、除等运算。一旦孩子们可以自如地用抽象的方式思考数字，他们就再也不受任何限制了——借用《玩具总动员》中的巴斯光年的话来说，就是"超越无限"。

但要做到这一点，孩子们首先需要掌握数实物（那些他们可以亲手拿起来的东西）数量的方法。随着整个社会数字化程度不断加深，儿童接触实物的机会越来越少。现在，CD、硬币、邮票和积木都不那么常见了，我收集的硬币、邮票甚至贴纸可能都已经成为缅怀过去的纪念品了。如今，贴纸收藏的主力军变成了怀旧的成年人，小孩子更喜欢摆弄智能手机上最新的应用程序，而不是购买昂贵的贴纸。

在中学毕业之后、上大学之前，我度过了一个间隔年。前9个月，我在四大会计师事务所中的另一家——毕马威度过，参加他们的间隔年计划。在大部分时间里，我都有敏锐的洞察力，效率也很高，但有一个星期我一直待在一间没有窗户的储藏室里，陪伴我的是一个个文件柜。我的任务是按照特定的顺序，重新整理那些文件夹。说实话，刚开始的两天我很享受这种单调的生活，但到最后，我感觉自己就像小说《哈利·波特》系列中在对角巷的古灵阁银行地下金库里不停搬运物品的妖精一样。我想知道，我们是不是必须借助物体的实体性，才能思考物体之间的关系呢？未来，数字化的程度肯定会不断提升。对我来说，把电子邮件收件箱或声田（Spotify）音乐播放列表整理得一目了然，并不像把CD排列得井然有序那么有吸引力，而且我担心下一代人可能不会那么容易就能了解分类的价值。未来是数字化的时代，或许收藏这种爱好很快就会被抛到不列颠博物馆的一个偏僻的角落里吧。

趣味问答

" **集邮爱好者的度假计划** "

一位逻辑思维清晰的集邮爱好者正在制订暑假计划。她打算按顺序依次游玩下列国家：约旦、阿尔及利亚、埃塞俄比亚、加纳和尼日利亚。之后，这位考虑问题细致周到的集邮爱好者应该去哪个国家，才能按特定次序给护照盖上印章？

快思考还是慢思考？

魔术背后的数学

坐好了吗？那我就开始表演了。我信赖的读者朋友，请按我说的去做。我希望你仔细阅读下面这段话。准备好，我会让你目瞪口呆的（至少会给你留下深刻印象）。

　　请在1到10之间想一个数。想好后，用它乘9。现在，如果乘积是一个两位数，把个位数和十位数相加；如果乘积不是两位数，就什么也不用做。在听我说吗？很好，用你得到的这个数减去5，然后记住得到的差。接下来，请想一想字母表中与这个差值相对应的字母。例如，如果差是1，那么与之对应的字母就是A，如果差是2，那么对应的字母就是B，以此类推。你需要想出一个以这个字母为首字母的国家名称。想好这个国家名称之后，再想想这个国家名称的最后一个字母。现在，不要犹豫，马上想一个以这个字母为首字母的动物。然后，想想这个动物名称的最后一个字母，再想出一个以这个字母为首字母的颜色。最后，把你想到的颜色、动物和国家放到一起。当当当当当……现在说说看，你想到的都是什么？

是不是丹麦的橙色袋鼠（orange kangaroo in Denmark）？〔希望你想到的是这个，而不是多米尼加的青绿色蚂蚁（turquoise ant in Dominica）或者吉布提的浅绿色蜥蜴（aqua iguana in Djibouti）！〕

20世纪90年代初，我们全家经常去看魔术表演和博览会。我记得有一次，我就像被牵着参加马术跳跃赛的小马一样，按照主持人的提示做了这个游戏。当主持人问谁想到了"丹麦的橙色袋鼠"时，我体会到了只有孩子（或者非常天真的人）才能体会到的那种纯粹的快乐。在最初的惊讶过去之后，我很想知道魔术师是如何引导我说出他想让我说的那些话的。他真的会读心术吗？还是有别的什么秘诀呢？

经过进一步的研究，我意识到，这个听起来令人印象深刻的聚会游戏，其实就是一些基本的数学知识与我们最可能的直觉结论相互结合的产物。任何一位数乘9后，把乘积的所有位数相加，和都是9（看看乘法表里9的那一行，就会看到这些数字：9，18，27，36，45，54，63，72，81，90，所有数位上的数相加之后，和一定等于9）。9减去5，得数是4，对应的字母是"d"。以"d"作为首字母，大多数人第一个想到的国家都是丹麦（Denmark）。如果我们选择的是丹麦，那么在被要求想一个以末尾字母"k"开头的动物时，大多数人会选择袋鼠〔尽管偶尔也会有人想到几维鸟

（kiwi）或者树袋熊（koala）]。最后，在选择以"o"开头的颜色时，大多数人会选择橙色（orange）。因此，你的答案就是"丹麦的橙色袋鼠"。如果我对这个数学游戏稍加修改，让你用国家名称的第二个字母（e）作为首字母，想一种动物，那么你的答案会变成"丹麦的大象"。（一个冷知识：丹麦的大象勋章真实存在，是丹麦最高级别的荣誉勋章，几乎只授予皇室和国家元首。）

20世纪90年代，年龄尚小的我迷上了索尼随身听、荧光色腰包和电视上铺天盖地的魔术表演。在黄金时段，英国电视上充斥着各种各样的魔术节目。

20世纪80年代和90年代初，保罗·丹尼尔斯和他的助手——可爱的黛比·麦基是BBC（英国广播公司）1台的台柱子，他的表演在巅峰时期通常可以吸引1 500万观众。风靡全世界的超级魔术师大卫·科波菲尔也经常出现在英国电视上。《福布斯》杂志称他是史上商业化最成功的魔术师。（也许你觉得他的姓名很耳熟，是的，这是他的艺名，而且确实取自查尔斯·狄更斯1850年出版的同名小说。）那时候，魔术无处不在，这些节目老少咸宜，特别适合全家人一起欣赏。但电视台的老板们很快意识到孩子们特别喜欢魔术，因此他们开始为孩子们度身定制魔术节目。我经常急匆匆地从学校赶回家，收看《精彩魔术》（*Tricky Business*）这个系列节目。魔术表演本身会让我惊诧不已，不仅如此，我还喜欢看人们拆穿魔术背后的那些把戏。那时候，我们还不能在网上即时搜索到魔术背后的秘密，因此在电视上看魔术表演时，刚开始的惊诧以及随后的陶醉可以保持更长时间。你会不停地问自己：他们是怎么做到的呢？

现在，如果你问一个孩子关于魔法的事，大一点儿的孩子可能会告诉你《哈利·波特》中"羽加迪姆 勒维奥萨"魔咒的悬浮力，小一点儿的孩子可能会说到迪士尼动画电影《冰雪奇缘》中的埃尔莎的魔力。成年人可能更经常提到国际知名魔术师，比如大卫·布莱恩、达伦·布朗。我们在屏幕上或舞台上看到的许多魔术依赖于道具或灵巧手法，但有一种非常特殊的魔术依赖于数学。这是一种依靠逻辑的魔法，作为一个热爱数学和数字的人，我一直觉得这种魔法最有吸引力。为什么呢？因为你可以自己推敲出来，而且你一旦找出某个魔术的奥秘，就可以自己表演这个魔术。

我们来做个小测验吧。准备好了吗？"任何足够先进的技术都与魔法无异。"这是以英国某位科幻小说作家的名字命名的三条定律中的第三条，而这位作家最著名的作品是1968年与他人合作编写的电影《2001：太空漫游》剧本。知道他是谁吗？答案是亚瑟·C.克拉克。这是我最喜欢的格言之一，无论科技进步了多少，这句话都是对的。即使是仅仅与我们相差几代的人，如果他们听说现在我们可以与世界各地的人通过视频电话即时交流，他们也会觉得这与魔法一样神奇！

我现在提到这句话，是因为在我很小的时候，我之所以被魔术深深地迷住，是因为无法理解它背后的技术（可能是基本算术，也可能是一种巧妙手法，或者是一种视觉错觉）而产生了一种莫名惊叹的感觉。在大脑开始思考魔术背后的逻辑之前，一声惊叹就会脱口而出——"哇"。

在我住的这条商业街上，经常有一些街头骗子。他们摆出3只杯子，把一只小球藏在其中一只杯子下面，然后让大家掏出20英镑，押小球在哪只杯子下面。一旦押中，他们双倍赔付。这个骗术看起来很神奇，但实际上他们依赖的是巧妙手法，再加上一些花言巧语和误导。你可能认为只有头脑简单的傻瓜才会与这些家伙对赌，但即使是头脑最灵光的聪明人，遇上魔术师也会有马失前蹄的时候。阿尔伯特·爱因斯坦也许是历史上最具标志性的天才（当我的学生抱怨某道数学题目超出他们的能力范围时，我经常会引用阿尔伯特的名言："别为数学难学而烦恼，我可以向你保证，我在数学上遇到的困难比你大多了"），但有一次，英国魔术师阿尔·柯兰（Al Koran，真名是爱德华·多伊）表演了一个"骗过爱因斯坦的把戏"。遗憾的是，他们的这次交流没有视频记录，但大概的过程是这样的（因为习惯问题，我把原始对话里的美元都换成了英镑）：

阿尔·柯兰："阿尔伯特，如果我告诉你我能猜出你口袋里有多少零钱，你相信吗？"

阿尔伯特："是吗？我觉得，从科学的角度来说，这是不可能的。"

阿尔·柯兰："我不仅知道你有多少零钱，我还可以做3个预测。我口袋里有和你一样多的零钱，另外我还有50便士，而且我其余的零钱加上你的零钱，总数是2.35英镑。"

阿尔伯特："好的，2.35英镑，这可是你说的。"

阿尔·柯兰："那好，把你的零钱放到桌子上。我也把我的零钱放到桌子上。我有2.85英镑，你有多少？"

阿尔伯特："我有1.71英镑。"

阿尔·柯兰："我从我的这堆零钱中拿出1.71英镑，放在你的零钱旁边。记得我说过我有和你一样多的钱，另外我还有50便士。所以我再拿出50便士，把它放到我的这堆零钱里。2.85英镑减去1.71英镑，再减去50便士，所以我还剩64便士。听懂了吗，阿尔伯特？"

阿尔伯特："听懂了。"

阿尔·柯兰："最后，我说我剩下的钱加上你的钱，总数是2.35英镑。所以我要做的是把64便士放到你的这堆零钱里。请你加一加，看看你的这堆零钱有多少，好吗？"

阿尔伯特："1.71英镑加64便士，总共是2.35英镑。啊呀，你的预测完全正确！"

接着，阿尔伯特请阿尔·柯兰再演示一次，结果这位伟大的物理学家再一次目瞪口呆。最后，阿尔·柯兰告诉他："愚弄你的不是数字，而是文字。"这个例子说明爱因斯坦或许是太聪明了，有时甚至过犹不及。他可能以为这个游戏涉及复杂的数学知识，殊不知其实就是一个障眼法，只是用了一些简单的语言技巧。我来告诉你们爱因斯坦到底错在哪儿，请认真听。

秘诀就在于措辞。一开始，阿尔·柯兰说他准备猜测爱因斯坦身上有多少零钱，但一直到最后他也没有这样做，尽管看起来他做到了。接着，阿尔·柯兰声称他还可以更进一步，做出3个预测。事实上，把这3个预测综合起来看，在逻辑上除了表明"我有2.85英镑"以外就什么也没说。阿尔·柯兰一开始有2.85英镑，然后拿出一些钱，数量等于爱因斯坦的零钱数（X）再加上50便士，因此剩下的钱为 $2.85 - 0.50 - X = 2.35 - X$ 英镑。然后，我们把剩下的这些钱与爱因斯坦的零钱（数量为 X）加到一起。用数学语言表示，就是 $2.35 - X + X = 2.35$。这不是数学魔术，而是语言游戏！

爱因斯坦被阿尔·柯兰编织的故事吸引住了，忽略了其中的逻辑。这个例子向我展示了魔术的强大影响力。魔术肯定有一些欺骗的成分，要么是通过物理手段，要么是借助数学知识，但让我们被魔术师编织的故事牵着鼻子走，从而错过一些显而易见的东西的，是魔术师编织的故事。

这与我们的大脑使用两种推理方式的说法是一致的。我父亲最近向我介绍的一本书是诺贝尔经济学奖得主丹尼尔·卡尼曼2011年出版的《思考，快与慢》。这本书的中心论点是两种思维方式的相互作用。系统1思维速度很快，是一种本能的、情绪化的思维过程；系统2的思维比较慢，更加深思熟虑，也更有逻辑性。我们所有的决定都是直觉思维和分析思维之间相互斗争的结果。我们的数学思维属于系统2，但在我们分心或受到误导时，系统1往往会掺和进来。因此，哪怕是数学家，有时也不得不抑制他们出于本能的系统1思维过程。

一个经典的智力问题清楚地展示了系统1和系统2之间的这种矛盾：

⋈

球拍和球的总价是1.10英镑。

球拍比球贵1英镑。

球的价格是多少？

⋈

　　你本能地给出的答案是多少？我第一次听到这个问题时，就不假思索地回答说10便士。你的答案和我的一样吗？但是，这个答案是错误的。卡尼曼认为，我们之所以会做出这个错误回答，是因为它会让我们"在直觉的驱动下情不自禁地想到一个错误的答案"。如果球的价格是10便士，而球拍的价格比它贵1英镑，那么球拍的价格就是1.10英镑，总价格就是1.20英镑。正确答案是球和球拍的价格分别是0.05英镑和1.05英镑。在接受调查的美国顶尖大学（哈佛大学、麻省理工学院和普林斯顿大学）的学生中，超过50%的人凭直觉给出了不正确的答案。魔术师（尤其是那些在表演中使用数学的魔术师）有可能利用这一点，把我们的注意力引向我们直觉以为正确的方向，而不是根据逻辑推理得出的正确方向。

　　大卫·科波菲尔以他的"读心术"而闻名，其中最著名的一个魔术表演利用的是简化版的克鲁斯卡尔计数技术。这个复杂的数学技术是美国数学家、物理学家马丁·克鲁斯卡尔（Martin Kruskal）发明的。在科波菲尔的简化版本中有一个像时钟一样的圆圈，上面有1~12这些数字。参与者首先要选择一个数字，按照设定好的程序，最后每个人都会得到6。这个表演看起来非常神奇，但它离不开数学——具体到这个魔术，就是克鲁斯卡尔算法。事实上，我已经忘记这个魔术表演很多年了。后来，2017—2018年《大学挑战赛》在第一轮的10分题中用到了它，我才想起来，并在视频网站优兔（YouTube）上观看了一遍。我鼓励你也去看看，感受一下大卫·科波菲尔"读心术"的魅力（你可以搜索"坐在家中感受大卫·科波菲尔的魔力"）。20年过去了，他的"读心术"在网上依然有神奇的魔力！

但数学和魔术远不止简化版算法那么简单。我最喜欢的一个数学魔术是由荷兰人尼古拉斯·霍弗特·德布鲁因（Nicolaas Govert de Bruijn）设计的。请在大脑中设想下面这个场景。一位数学家把一副纸牌递给一位志愿者，志愿者会反复地切牌。然后，数学家把前4张牌分发给4位志愿者。数学家摆出心灵感应的姿态，先向志愿者提几个问题，以确保他的读心术发挥作用。"谁早餐吃的是玉米片？""有人是水瓶座吗？""有人支持西汉姆联队吗？""谁拿的是红牌？"有了这些信息，这位数学家就能说出每个人手里拿的是什么牌。至此，观众很有可能报以热烈的掌声。

不出所料，这背后的秘密是数学。你可能已经注意到，这些问题中有3个是转移注意力的，只有关于红牌的那个问题包含了某些信息。魔术师利用德布鲁因序列对这些信息进行编码。该序列由严格按照BBBB RRRR BRRB BRBR这个顺序排列的16张牌构成（其中B和R分别表示黑色和红色）。

取 3 组这样排列的牌放到一起，看起来就像是一副扑克牌（48 与 52 非常接近）。

4 张或红或黑的牌一共有 16 种排列方法。这个序列包含 4 张红牌和黑牌的所有组合。无论是想得到 RRBR，还是想要 BRBR，都可以在序列的某个地方找到。只要有一名志愿者告诉你前 4 张牌中哪些是红牌，你就可以计算出整个序列中所有红牌和黑牌的确切位置。这个表演的高明之处就在于，如果你记住了这个序列，你就可以一口气说出这些志愿者拿的是什么牌。除了魔术以外，德布鲁因序列还有许多正经的应用，涉及的领域包括机器人、神经科学、破解保险箱，甚至还包括 DNA（脱氧核糖核酸）测序。

那么，现在的魔术是如何让人们对数学产生兴趣的呢？如果我提到街头表演这个词，你并不会自然而然地想到数学。说到街头艺人，我们往往会想到在街头演奏音乐、跳舞甚至表演喜剧的人。但几年前，我被萨拉·桑托斯（Sara Santos）博士在 BBC 做的"街头数学魔术"迷住了。萨拉的表演极富魅力，她戴着一顶明黄色的帽子。无论是用绳子把人们绑起来，还是猜他们的出生日期，萨拉凭借的都是一些简单易懂的数学知识。像莎拉这样的表演者很容易让人们领略到数字的威力，向他们展示数学是多么有趣、多么令人惊讶，同时多么有用。

在现实生活中，数字有时让人感觉像是枯燥无味的数据，但魔术（尤其是用到数学知识的魔术）仍然让我们着迷，还能带给我们一种天真无邪的惊奇感。如果数学和魔术有可能在这方面发挥小小的作用，我完全支持大家学习一些数学魔术。

趣味问答

哈利·波特与 4 品脱黄油啤酒

在霍格沃茨魔法学校的普通巫师等级考试（O. W. L. s）成绩出来后，哈利·波特、赫敏·格兰杰和罗恩·韦斯莱离开了学校，前往霍格莫德村举行庆祝活动。他们准备喝 4 品脱黄油啤酒，而且为了表示友谊，他们将使用同一个大啤酒杯喝完这些啤酒。他们来到了三把扫帚酒吧，但发现所有干净的 4 品脱大啤酒杯都已经用完了。

罗恩立刻拿出魔杖，准备施展魔法，清洗那些 4 品脱大啤酒杯，但哈利提醒罗恩，他们承诺在庆祝的时候不使用魔法。赫敏接着说，她可以用数学而不是魔法，倒出 4 品脱黄油啤酒。她找到了一个 5 品脱的空啤酒杯和一个 3 品脱的空啤酒杯。

一共只有 10 品脱黄油啤酒，赫敏如何倒出 4 品脱黄油啤酒呢（不能使用魔法！）？

5

勇敢探索未曾抵达的疆域

太空数学

水星，金星，地球，火星，木星，土星，海王星，冥王星。我的小学——东汉姆的圣迈克尔学校，按照与太阳的距离从小到大的顺序，依次用这些行星命名我们的班级。细心的读者会发现少了一颗行星。提示一下，它是人们利用望远镜发现的第一个行星，发现者是威廉·赫歇尔，时间是1781年。事实上，这颗行星原本应该被命名为"乔治之星"（Georgium Sidus），以纪念赫歇尔的赞助人乔治三世。最后再提示一点：在热门卡通片《辛普森一家》的某一集里，巴特手里拿着水枪，戴着一顶红色头盔（上面有天线，还有一双绿色的金鱼眼），高喊着"我就是来自……（行星）的！"冲进客厅。好了，告诉你们吧，答案是天王星！我从来没有正儿八经地弄明白，为什么我们那所小学没有用天王星作为班级的名称，但可以肯定的是，这样一个班级名称绝对会成为5~11岁孩子的笑料（原因很明显[1]）。遗憾的是，这些班

---

① 应当是因为英语里"天王星"（Uranus）的发音与"尿"（urine）接近。——编者注

级名称中的冥王星已经被国际天文学联合会从行星降级为矮行星。

小时候，我的第一个志向是成为一名cosmonaut（俄语中对宇航员的称呼）。是的，我知道应该是astronaut（宇航员），但是受父母的家乡——印度喀拉拉邦出版的俄语天文学书籍影响，我以为"宇航员"在盎格鲁–撒克逊语中对应的词就是cosmonaut。说实话，对于游乐场里似乎以流星般的速度上下翻飞的过山车，我的兴趣从来就不是很大，但我会经常玩一玩，原因很简单，就是为了向自己证明，未来的我经受得住宇航员式的训练。然而，我记得有一次学校里的一位朋友告诉我，我的身高不够，达不到宇航员的要求。我想我可能就是因为听到了这个消息，才打消了成为宇航员的梦想，这太令人遗憾了！如果那时候有谷歌这种搜索引擎，我就会发现，美国航空航天局（NASA）等机构对我们这些个子不高的人相当宽容。很显然，要成为宇航员中的指挥官或驾驶员，身高必须在158到190厘米之间，但如果你只是想成为一名任务专家，身高不低于149厘米就可以了。尽管梦想破灭，但宇宙给我的惊奇感并没有因此减少。

在数学和物理领域，我们有可能遭遇到乍一看似乎违背外行人直觉的现象。我记得在15还是16岁的时候，我参加了伊顿公学高中生奖学金面试中的一场物理面试。我轻松地回答了一些关于输电的问题，但有一个问题让我有些不知所措："如果一个人从学校图书馆（在我这个外行人看来，图书馆有点儿像迷你版的伦敦圣保罗大教堂）的楼顶跳下去，会发生什么物理现象？"大多数拿到普通中等教育证书（GCSE）的学生都会描述下落过程，也许还会提到从更高的楼顶跳下后可能会因为空气阻力而达到终极速度。但在面试官的提示之下，我终于明白了他想要的答案——牛顿第三运动定律：对于每一个作用力，都有一个大小相等且方向相反的反作用力。如果一个人（对于面试中的例子而言，就是一个物体）向地球下落，地球就会做出反应并向上运动。运动多少呢？非常短的距离。但这个答案让我觉得非常有趣。想想看：如果你把这本书扔向地面，地球就会做出反应并向上移动。（尽管运动的距离小到几乎难以想象，但它确实会运动！）

小学放学后，我总是急匆匆地赶回家，吃点儿母亲或祖母做的东西垫肚子。一般来说，我们每天晚上都要遵守"6—8"作息制度：父亲希望我们下午6点至8点待在自己的房间里，在晚饭前阅读、做家庭作业或者干一些有意义的事情。但在6点之前，我们可以做一些自己想做的事情！所以，傍晚放学后，我们通常会看一会儿电视：

⋈

　　5:00—5:10 儿童新闻（新闻节目，但是适合儿童观看）

　　5:10—5:35《启航旗》（世界上最长寿的儿童电视节目之一）

　　5:35—6:00《邻居》（以虚构的维多利亚州墨尔本郊区为背景的澳大利亚肥皂剧）

⋈

　　接下来，我就应该回到我的房间里了，但有时我的父亲会工作到很晚。一旦他加班，我就有了浑水摸鱼的机会。于是，我傍晚的时间表就会变成下面这样：

⋈

　　6:00—6:25《辛普森一家》

　　6:25—7:15《星际迷航：下一代》

⋈

　　很多人是因为科幻作品成为太空迷的，而我早在上小学时，就因为阅读关于宇宙的俄语书籍而对宇宙产生了浓厚的兴趣。因此，看到《星际迷航》中的企业号船长让-卢克·皮卡德（帕特里克·斯图尔特演技精湛，把这个角色表现得活灵活现）真的提到了我在书中读到的那些星系、恒星系统和各种太空现象时，我不由得瞠目结舌。随着我养成了从WHSmith书店收集《星际迷航小资料》周刊的习惯，我的这股热情开始持续升温。该杂志有一个常规版块，专门讨论《星际迷航》背后的数字：星际飞船的速度、飞船背后的工程学知识，以及可能实现"斯科蒂，把我传送上去！"这种"传送"的物理学原理。正是因为这一点，我对《星际迷航》的痴迷经久不衰。

《星际迷航》使我更加热爱数字，但《邻居》可能没起到这个效果！ 1990年某个时间点，《邻居》在英国一度吸引了2 100万观众，一天甚至会播出两次（一次在午餐时间，另一次是傍晚）。从6岁到19岁，我一直都是忠实的《邻居》迷。我们不妨做一些粗略的计算（估算一直是生活中一项有用的技能）。

如果算上等待节目开始的时间，再加上节目结束后与家人或朋友的讨论时间，我们假设每天花在《邻居》上的时间是30分钟。也就是说，每周总共2小时30分钟（周末不播出）。《邻居》在全年大部分时间都会播出——大约48周。所以，每年花的时间就是2.5×48＝120小时。我一共观看了13年，13×120等于1 560个小时！

马尔科姆·格拉德威尔在他的《异类》一书中称，成为任何学科的专家都至少需要1万个小时。仅仅看一部澳大利亚肥皂剧，我就完成了这个目标的15%。谁知道呢，如果我把这些时间用来练杂耍或者学习语言，我现在可能就是世界顶尖的马戏团演员或联合国外交官了。所以，对于所有看到这个故事的孩子来说，其中的寓意可能就是放学后不要看肥皂剧！

像《星际迷航》这样的电视剧可能属于科幻作品，但它们存在的目的不仅仅是娱乐。首先，它们有可能为未来的技术提供灵感。我们已经看到了电子图形输入板、手机、通用翻译器（有人用过谷歌翻译吗？）的诞生，而虚拟现实眼镜的发明或许可以使全息甲板成为可能。就连人们相互交往的方式都把我们引向一个乌托邦社会。在《星际迷航》中，人类似乎已经克服了人际关系不断恶化的问题，所有人都生活在普遍的和谐氛围之中。我认为，一些影视作品在尝试帮助我们打破思想壁垒，这种状态在未来或许也会成为现实。

今天的科幻小说就是明天的科学事实。好莱坞是干什么的？用演员们纸醉金迷而大多数平常人想也不敢想的生活方式来诱惑我们吗？逗我们开心吗？让我们充分发挥想象力吗？2014年，导演克里斯托弗·诺兰聘请理论物理学家基普·索恩（2017年的诺贝尔物理学奖得主）加入电影《星际穿越》的制作团队，目的是让这部科幻巨片尽可能符合科学。电影作品有时能启发未来的数学家和科学家。

科幻小说甚至可以启发我们思考如何与地球以外的其他物种交流。2016年的科幻片《降临》讲述的是一位语言学家逐渐学会与外星人交流的故事。但是，关于外星生命是否存在的问题，数学能给我们一些启示吗？

为了寻找外星智能，美国天体物理学家弗兰克·德雷克博士创立了地外文明搜寻计划（SETI）。有趣的是，就在20世纪末，SETI发布了一个名为"在家搜寻地外文明"（SETI@home）的计算机程序，目的是利用个人计算机闲置的计算能力，帮助该组织完成一些与搜寻外星生命有关的复杂计算。你可能已经猜到了，我们全家都自豪地加入了这个活动，同世界上其他29万台计算机一起，为寻找其他生命而努力！

最近，我再次加入了SETI@home的一项活动，允许他们使用我们家互联网宽带的闲置带宽，以支持监听来自太空的窄带宽无线电信号。这些信号不属于任何我们已知的自然产生的信号，因此，一旦我的笔记本电脑监测到这些信号，就可以作为证明外星人技术存在的证据（但到目前为止，我还没有发现任何外星人）。

1961年，德雷克提出了一个公式，用于估算银河系中可能存在多少个可探测到的外星文明。这个公式不像可以计算出直角三角形边长的毕达哥拉斯定理那样严谨，但它为我们开启了广阔的可能性。

德雷克公式也可以被看作一个非常粗略的计算过程，这类估算在技术上有一个名称——费米估算。这是以1938年诺贝尔物理学奖得主恩里科·费米的名字命名的一种估算技术，可以让我们在缺少甚至没有真实数据的情况下做出适当的近似计算。最著名的一个例子，就是费米根据他抛洒的碎纸片飘过的距离估算出原子弹爆炸的强度。

费米估算的一个经典应用是估计芝加哥市的钢琴调音师人数。下面，我们来分析一下他的逻辑推导过程。

（1）芝加哥大约有300万人口。

（2）假设一个普通家庭有4个人，那么全市有75万个家庭。

（3）假设1/5的家庭拥有钢琴，那么芝加哥有15万架钢琴。

（4）假设钢琴调音师平均每天调试4架钢琴（每周5天工作制），每年有2周的假期（美国人比我们英国人工作更努力！）。

如此计算，一年（52周）下来，一位钢琴调音师可以调试1 000架钢琴。因此，假设每台钢琴每年需要调音一次，费米估计，芝加哥一共有150名钢琴调音师，因为150 000 / $(4 \times 5 \times 50) = 150$。

我曾让班上的学生用这种方法估算英国人每年吃多少

碗麦片，或者欧洲人每天步行多少千米。如果你做出合理的假设，然后把它们串在一起，就可以做出一些令人吃惊的预测！

现在，我们利用德雷克公式，估算银河系中可探测文明的数量：

$$N = R* \times f_p \times n_e \times f_l \times f_i \times f_c \times L$$

$N =$ 银河系中可探测到的文明的数量

$R* =$ 适合智能生命发展的恒星形成速率

$f_p =$ 这些恒星拥有行星系统的比例

$n_e =$ 太阳系中适合生命栖居的行星数量

$f_l =$ 适合生命栖居的行星上真的有生命存在的比例

$f_i =$ 有生命存在的行星上出现智能生命的比例

$f_c =$ 文明发展出通信技术（即向太空释放出可探测到的表明该文明存在的信号）的比例

$L =$ 这些文明向太空释放可探测信号的时间长度

读到这里，你可能会想，我们很难知道这些变量的值到底是多少！事实上，德雷克写这个公式是为了鼓励科学界展开讨论，而不是给我们一个确切的答案。不过，德雷克也给出了下面这些估计值：

$R* = 1$（银河系形成以来，平均每年形成 1 颗恒星）

$f_p = 0.2\sim0.5$（1/5 到 1/2 的恒星有行星）

$n_e = 1\sim5$

$f_l = 1$（这些行星百分之百会产生生命）

$f_i = 1$（这些行星百分之百会产生智能生命）

$f_c = 0.1\sim0.2$（这些文明发展出通信技术的比例为 10%~20%）

$L = 1\,000\sim1\,000\,000\,000$ 年

如果所有变量都取最小值，就会得到 $N = 20$；都取最大值，N 的值为 5 000 万。总的来说，德雷克和他的同事估计银河系中有 1 000~1 亿个文明。当然，任何一步估算都很容易引起争议，但是德雷克公式肯定是人们在家里聊天时会谈到的一个话题。

在我看来，如果有智慧的外星人确实存在（当然，微生物或者长得像鼻涕虫的地外生物不包括在内），他们对现实的看法肯定与我们不同。他们不太可能欣赏达·芬奇的画作、贝多芬的钢琴协奏曲、迪吉里杜管①的乐声、莎士比亚的戏剧，甚至加雷斯·索斯盖特的英格兰足球队踢出来的赏心悦目的定位球也无法吸引他们。不过，他们的数学似乎很有可

①　澳大利亚原住民使用的一种传统吹奏乐器。——编者注

能和我们的数学是一样的。

　　尽管外星生命的数字系统可能会采用不同的进制,但他们的质数应该与我们一样,都是2,3,5,7,11等。数学很可能是一种普遍性更强的交流语言,没有优秀艺术或文学作品所具有的人类主观性。数学真理应该是普遍性真理。所以,尽管在电影《降临》中,语言学家是第一批与外星人交流的人,但更合适的人选是否应该是数学家呢?

　　不过,我们肯定无法搞清楚这个问题的答案。我们认为计数是一种自然现象,是因为我们可以数出牛群里有多少头牛,月相周期是多少天,或者我们部落里有多少人。不过,如果另一个物种的具体经历和我们不同,比如说他们生活在一个巨大的气态行星上,那么他们的数字概念可能会更加灵活多变。因此,数学也许不会像我想的那么普遍。但我确实认为,与其向他们展示毕加索的画作或莫扎特的弦乐四重奏,还不如以数学为起始点,与我们的新外星霸主开展对话。

　　越来越多的人认为地球可能无法永远维持人类的生命。最终导致人类离开地球的原因有可能是外部威胁(如小行星撞击)或内部威胁(人类对世界的影响,如气候变化)。史蒂芬·霍金甚至特别指出,再过100年,人类就需要在其他星球上开拓殖民地了。如果说作为一个物种,我们应该着手开发未来需要的科技，那么数学必须处于这些科技的核心位置。太空探索技术公司（SpaceX）首席执行官、亿万富翁埃隆·马斯克认为，人类应该优先考虑在火星定居，他甚至建议在2019年上半年利用火箭开启地球与火星之间的"往返航班"[①]。这样的话，到2070年，生活在火星上的人数就有可能达到100万。

德雷克公式巧妙地证明了数学的力量，使我们能够估算出银河系中智慧文明的数量。虽然太空探索似乎与我们的日常生活关系不大，但它赋予我们一个契机，使我们可以利用数学来思考太空中可能有什么。

---

① 该计划未能如期实现。——编者注

趣味问答

《大世界之旅》节目组的宇航员培训课程

《大世界之旅》节目组的3名成员——杰里米·克拉克森、理查德·哈蒙德和詹姆斯·梅伊，参加了一场与我们在公路上看到的略有不同的冒险活动。他们正在接受训练，准备参加埃隆·马斯克的SpaceX太空之旅。

作为宇航员培训课程的一部分，这3名准宇航员将挤在一辆迷你汽车里（以模拟航天飞机的狭小机舱），按表中顺序依次访问下面几个国家的首都。请问，在结束培训前，他们最后还将访问哪个欧洲国家？

（1）希腊

（2）韩国

（3）伊朗

（4）摩洛哥

（5）加拿大

（6）印度

（7）巴拉圭

（8）蒙古

数学与艺术永不相遇吗?

数学和生活中的模式识别

请大家想象以下这种情形。1991年，我和哥哥都特别喜欢看小说，尤其是罗尔德·达尔（Roald Dahl）的小说，他就是那个时代的J. K. 罗琳。达尔很快就成了我们最喜欢的作家，我们几乎有他的每一本小说（有些是从东汉姆图书馆借的，有些是从WHSmith书店买的，还有一些是以特价从我们当地的慈善商店买的）。达尔的小说以其恶作剧般的幽默感而独树一帜，此外，昆汀·布莱克的插图也无人可以仿效。因此，对于一个7岁的孩子和他10岁的哥哥来说，一次次地反复临摹布莱克的每一张插图，是一件再自然不过的事。就这样，我们临摹了布莱克的很多插图，作品装满了好几个纸板箱。为了满足我们的需要，父亲从他的办公室里收集了大量的废纸。

　　这个故事并没有就此结束。后来，我们从数百幅作品中挑出了一些，包装好并寄给了昆汀·布莱克本人。我们并没有抱很大希望，但几个月后我们收到了这位艺术家亲手写的感谢信，信中还配有布莱克独特风格的插图。收到这封信，我们不由得欢呼起来。在接下来的一年左右的时间里，我们又寄出了一些自己的绘图作品，布莱克不仅回了信、配上了插图，还寄了几本亲笔签名的书给我们。

艺术与数学或数字之间有什么关系吗？说到这个问题，我经常会想起鲁德亚德·吉卜林1889年的诗《东西方民谣》，其中"东是东，西是西，东西永古不相期"这句正表明了很多人对数学和艺术间关系的看法。但我从来没有这样想过。小时候，如果不是在摆弄数字（比如计算我最喜欢的短跑运动员的速度，或是在足球联赛临近赛季结束时比较最终形成各种排名结果的可能性），那么我很有可能坐在我的房间里，用水彩模仿伦勃朗的自画像，或者用蜡笔描绘霹雳游侠驾驶的未来主义风格的跑车。

早在7岁那年，爸爸给我买了两本"学乐儿童"（*Scholastic Children*）系列的书，这两本书的宗旨是向年轻读者介绍伦勃朗·凡·莱茵和巴勃罗·毕加索的生平、艺术风格和作品。（是的，7岁对了解这些著名的艺术家来说确实是一个相当稚嫩的年龄。但与此同时，父亲还给我买了漫画《淘气阿丹》。不用说，阿丹同样让我爱不释手。）伦勃朗和毕加索之间的反差深深地吸引了我。这两个人的作品，一个突现了精确性和真实性，另一个通过想象展示了自己眼中的现实。

孩童时期，我因为在那个年龄接触到的数学的绝对正确性而深感安慰。不管你今天的运气有多糟糕,数学计算(比如加法和乘法)的结果都会保持不变!不过,令我感到困惑的是,伦勃朗和毕加索各自都被誉为有史以来最伟大的艺术家之一,他们的艺术风格却如此大相径庭。(稍后,我将把"学乐儿童"系列中的另一本书介绍给大家。那本书是介绍列奥纳多·达·芬奇的,同样让我爱不释手。达·芬奇涉猎广泛,是一位艺术家、建筑师、发明家,甚至还是一位科学家。他是意大利文艺复兴时期的一位真正的博学家,是跨越多个领域的天才。)

2017年夏天,我和我在《大学挑战赛》中的合作伙伴埃里克·蒙克曼(Eric Monkman)为BBC广播4台录制了一个关于博学家的节目。作为这个项目的一部分,我们见到了剑桥大学英国文学和思想史教授斯蒂芬·科利尼(Stefan Collini),并一起讨论了英国科学家、小说家C. P. 斯诺1959年发表的著名演讲《两种文化》。斯诺认为,西方社会分裂成了科学和人文这两大文化阵营,这是解决世界性问题时面临的一大障碍。小时候,这种学科上的分歧从来没有对我产生过任何影响——我从来不觉得同时享受数字的确定性和艺术的模糊性是一件多么复杂的事。作为成年人,我们有时把人划分为艺术型或科学型,好像他们是相互排斥的两个框架。但随着年龄的增长,我逐渐意识到,艺术和数学的相互影响非常大，即使这些领域中的一些人可能没有立即意识到这一点。

数学中的一个重要技能是发现模式，然后识别在其他情况下出现的相同模式。而许多艺术形式则会通过分层铺设并重复某种模式，产生新的有趣的效果。小时候，我对重复出现的模式非常感兴趣——无论这些模式出现在墙纸上、包装纸上，还是羽绒被上。我们家的壁炉上放着一张特别的明信片，可能是我们在周六图书馆之旅的归途中在当地的一家慈善商店买的（这家慈善商店我们去过好多次了）。多年来，这张明信片经常会久久吸引我的目光。这是一幅黑白铅笔素描，描绘的是一个不可能的梦幻世界，似乎违背了基本的牛顿物理学和万有引力定律。它让我想起了1986年上映的黑色奇幻电影《魔幻迷宫》中，哥布林王（这个令人难以忘怀的角色由已故演员大卫·鲍伊饰演）从上下颠倒的楼梯上走过的那一幕。直到我11岁上中学时，我才逐渐真正意义上地理解了这部作品的意义，同时也了解了它的创作者——M. C. 埃舍尔。

毛里茨·科内利斯·埃舍尔（Maurits Cornelis Escher）是20世纪荷兰艺术家，他以木刻和平版印刷为媒介，创作出以数学为灵感的作品，探索了不可能物体、无限、反射、透视和镶嵌等概念。我发现他是最具数学魅力的艺术家。临摹他的作品很有挑战性，需要做到自律、专注，这与我在临摹昆汀·布莱克的插图时使用的自由笔触是完全不一样的感觉。

　　有两幅作品可以充分展示埃舍尔是如何将数学和艺术水乳交融地结合到一起的，它们在网上很容易找到。《阶梯之屋》（*House of Stairs*）在现实生活中似乎是不可能建造的，因为它有两个合点①，图中的平行线以弯曲的方式向这两个点延伸。作品的上部就是底部的重复，所以图中的场景可以不断持续下去，就像墙纸或数学无穷大一样无穷无尽。第二幅作品是埃舍尔的《圆之极限Ⅳ》（*Circle Limit IV*），是天使和恶魔组成的镶嵌模式。图案之间的空隙巧妙地形成了另一个图案的形状。这有点儿像他的《圆之极限Ⅲ》（*Circle Limit III*）。很奇怪的是，我7岁那年，我们的班主任在上课时就向我们展示了那幅作品，但是他可能没有意识到自己在不经意间就向我们介绍了初级双曲几何。在这幅作品中，鱼的图案在越靠近边缘的地方就越小，似乎是在无限延伸。这幅木刻版画表示的是一个不可能的二维平面，称为双曲平面。同样，由于我对数学的兴趣，我立即被这些图像所吸引，它们表示的似乎是一些我只能抽象理解的概念。也许我天生就能

---

①　合点（vanishing point）：测绘学术语，也称灭点。指线性透视中，两条或多条代表平行线的线条向远处地平线伸展直至聚合的那一点。——编者注

领略到其中的美。

如果你仔细观察雏菊（它的拉丁语名称十分别致，叫作 *Bellis perennis*），就会发现它的花瓣呈螺旋状。每排花瓣的片数是前两排的总和，因此构成了斐波那契数列。这个数列是意大利人列奥纳多·斐波那契在1202年发现的。斐波那契在考虑自由繁殖的兔子这个数学问题时，发现不断地将前两项相加就会形成一个数列：1，1，2，3，5，8，13，21，34，55……随着数字越来越大，相邻两个数字的比值趋于1.62。一直以来，这个特殊的数字就隐藏在我们周围的平常事物之中，深深地扎根于自然界。有的人甚至认为这个数字对于生命本身也具有非常重要的意义——DNA螺旋结构的大沟与小沟的宽度比例大约等于21∶13（21除以13约等于1.62）。

希腊人知道这个数字，并称之为黄金比例。现在，我们用字母 φ 表示它。

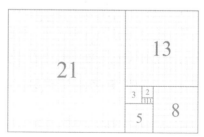

图片来源：*Wikimedia Commons*

黄金比例在我们周围的很多地方都可以看到。如果你能想象鹦鹉螺的外壳是怎样生长的，你就知道它们与正在形成的猛烈飓风以及运动中的遥远星系一样，都是按照这个黄金比例卷曲的。有些人甚至认为，我们的身体也是按照黄金比例生长的，因为我们的身高与肚脐高度之比、各节指骨的长度之比，以及掌根到手肘的距离与手掌长度的比都是黄金比例。

第一次遇到黄金比例时，我真的觉得它很神圣。从《蒙娜丽莎》到帕特农神庙的正面，再到星系的形状，到处都能发现这种比例，这似乎太巧合了。我内心深处的怀疑主义者有时认为，这也许只是一个巧合。我是《神秘博士》系列的粉丝，用1996年的电影版中神秘博士的那句台词来形容我的心情再合适不过了："我爱死人类了，他们总是可以发掘出一些根本不存在的模式。"但是，我内心的浪漫主义者（虽然我从事的是数学研究，但我也爱好艺术）认为黄金比例的频繁出现可能是世界上最大的谜团之一，我们可能永远也不知道它到底意味着什么。

数学中一些最棘手的问题被称为千禧年大奖难题。美国克莱数学研究所提出的这7大难题"多年来一直无法解决"。目前，人们只攻克了其中1个难题，其余6个问题仍有待解决。如果有人宣称解答了这些问题，需要将答案公开发表并等待两年，得到数学界的普遍认可后方可获奖。复杂的数学证明可能只有该领域的少数专家才能理解。因此，同行的认可是数学家获得公众认可（也许还有公众的崇拜！）所需要的"盖章认证"。

我想知道，当"遗失的大师作品"被重新发现时，艺术界是否也应该有类似的验证期制度。我们经常听到毕加索、德加或康斯太勃尔的作品从跳蚤市场或者年迈祖母的阁楼里被发掘出来的故事。一件作品是如何从被宣称是某位伟大艺术家的作品，变成被广泛认可的真品的呢？早在2011年，我就考虑过这个问题。

对我来说，2011年在伦敦举行的最重要的艺术展就是"列奥纳多·达·芬奇：米兰宫廷的画家"。英国国家美术馆称，这是最完整的达·芬奇现存罕见作品展。自从7岁时收到另一本艺术史方面的图书开始，我就一直是一名达·芬奇迷。第一次听说这次展览时，我胳膊上的汗毛都竖了起来。（我绝没有夸张！）那年12月，我去看了展览。就像数学家喜欢回顾他之前见过的赏心悦目的证明过程一样，我忍不住把这个展览看了两遍。

这次展览吸引人的地方主要在于它提供了一个独特的机会，使人们可以在同一个展厅里同时看到达·芬奇的《岩间圣母》的两个版本。把这两个版本面对面放到同一个展厅里，这或许是有史以来第一次。也许达·芬奇自己也从未享受过其中的乐趣。这两个版本，一个被永久保存在英国国家美术馆，另一个则来自巴黎卢浮宫。在漫不经心的观众眼里，这两幅画看起来一模一样，但仔细一看就会发现它们有明显的不同。作为一名数学老师，我告诉学生们，只有所有对应的边和角都相等，两个图形（尤其是三角形）才相同（用数学的术语说就是全等）。我们或许可以说这两幅画具有数学相似性，两者非常接近但稍有区别。

在《岩间圣母》旁边有一幅其出处在当时引起争议的画作——《救世主》（Salvator Mundi）。长期以来，这幅画一直被认为是复制品，而原作已经遗失，但后来经修复并重新评估后，它又被认为是达·芬奇的原作并向全世界正式宣布。尽管有几位学者提出异议，这幅画还是在2017年11月的拍卖会上拍出了最高价——阿布扎比酋长国的一家集团以夺人眼球的4.5亿美元买下了这幅画。

评估一件艺术品的真伪可能需要艺术史学家和艺术策展人的专业知识。但在某些情况下，数学可以发挥一定的作用。有些艺术作品被普遍认为极其精致（达·芬奇的《蒙娜丽莎》或米开朗琪罗的传世佳作《大卫》或许就是这样的作品），需要创作者有惊人的技艺和超强的执行力。

"这只不过是在画布上随意地滴洒一些颜料，任何人都可以做到。"这是我第一次看到美国艺术家杰克逊·波洛克的画作时的想法，或许有些天真吧。这位有争议的重要画家因开创动作画派而闻名于世。所谓动作绘画技术，就是将画布平铺在工作室的地板上，然后在画布上滴洒颜料。2006年，波洛克的一幅作品（《1948年第5号》）以1.4亿美元的价格售出，卖出了当时的绘画作品最高价。在没有受过训练的旁观者当中，认为"这有什么大不了的？我也可以"的大有人在。与达·芬奇作品所要求的高超技巧相比，这看起来简直是小儿科。上学期间，我一度要求自己做到言行一致，践行"我也可以"的豪言壮语，但我用画笔把颜料滴洒到画纸上之后，却发现自己并没有如愿以偿地再现波洛克的绘画艺术！

事实上，数学可以启发我们对"滴画师杰克"（人们根据波洛克使用的绘画技术，给他取了这样一个绰号）的作品进行更深层次的思考。波洛克表现的某些美学维度是人类感知的某种推理，这也许超出了他的一些批评者可以理解的范围。在这时候，数学就闪亮登场了。1999年，俄勒冈大学的物理学家和艺术史学家理查德·泰勒带领一个一流数学家团队对这些画作进行了分析，发现波洛克的高明之处不在于艺术，而在于数学。具体地说，波洛克的作品与混沌理论及其衍生品——分形几何不谋而合。分形乍一看似乎是随意创作的图形,但每一个分形都是一个几何图形在不同的放大倍数下重复数千次形成的图案——有点儿像一个套一个的制作精良的木质俄罗斯套娃。

仔细观察波洛克的作品,就会发现放大的部分看起来与整幅作品非常相似,因此具有分形的特征,即无限复杂性。当然,如果我们继续放大他的作品,比如说放大上千倍,就像我们在iPad平板电脑上放大观看照片一样,我们最终就会看到一个个颜料斑点。在数学中,我们可以用分形维数来描述这些图形,这个方法也可以应用到波洛克的绘画技术中。波洛克作品中的颜料滴和斑点似乎在不同的尺度上创造出了不断重复的图案。

因此,我们需要的是数学。数学既可以帮助我们理解波洛克的作品,又可以帮助我们验证一件有争议的波洛克作品是真品还是小孩子的涂鸦之作。我们都知道直线、正方形和立方体的维数分别是1,2和3。我的那些12岁的学生们可以引用在课堂上学到的维数方面的知识,说线段有长度,正方形有面积,立方体有体积。但是,如果我们要考虑肺或大脑内部的尺寸,我们该怎么做呢?我们如何测量它们的表面积?如果考虑的是宝塔花菜呢?这种蔬菜具有类似分形的特性。分形无论大小,其结构都会表现出自相似性。所以,近距离观察一小块宝塔花菜,就会发现它的形状和大块宝塔花菜是一样的。分形维数让我们得以测量物体的复杂性。花菜的维数是2.3，西蓝花的维数是2.7，而人类肺部表面的维数略小于3。（当然，这些并不是真正的分形，因为在高倍放大后，物体的形状就不再具有自相似性。此时，我们看到的就将是一个个分子的形状。）

波洛克早期画作的分形维数是1.45，大约相当于挪威峡湾的维数，但他晚期作品的分形维数约为1.7。要复制波洛克的作品，你不仅需要考虑他创作这幅作品时的身高、生理机能和肌肉发达程度，还要花数年时间学习雕琢图案。据估计，市面上大约有400幅波洛克画作的赝品。泰勒开发了一种数学算法，可以用来验证波洛克作品的真伪。当然，艺术界也有一些不满，声称不能用数学和数字来量化人类在艺术创作中的情感状态。但泰勒明确表示，虽然计算机可以分析波洛克的图案并验明真伪，但它们不能甄别艺术家水平的高低（至少目前还不能）。因此，你的墙上应该挂康斯太勃尔的风景画还是毕加索的立体派画作，仍然由你说了算。

就像数学一样，提升艺术水平需要努力、勤奋和坚持。尽管每个人都有自己特定的技能点，但是通过大量的实践和全身心的投入，都可以取得很大的进步。有时候，我真后悔在我14岁、刚刚读完9年级后没有继续学美术。当时，我肯定是从实用的角度考虑的，认为16岁时我只能从4门课程中选择2门作为我的GCSE选修课。如果我能回到过去，我肯定会告诉14岁的小博比，一定要选修美术！也许退休后的某一天，你会发现我再次拿起铅笔、蜡笔和彩色粉笔，努力重现我年轻时无忧无虑的艺术梦。

作为一名试图通过用数字和模式搭成的框架来理解世界的数学专业人士，我认为艺术可以另辟蹊径，帮助我们用新鲜的眼光看待周围的世界。对某一个人来说，数学公式可以描述英格兰足球运动员哈里·凯恩头球攻门时足球飞行的轨迹；而对另一个人来说，图画可以捕捉足球划一道弧线飞向球门时给人带来的喜悦。但对我来说，两者都是我所爱的！

趣味问答

达明·赫斯特的数学点画

接下来，我要让你们与数字亲密接触。现代艺术家达明·赫斯特（Damien Hirst）最著名的作品是一些点画。他受到数学的启发，利用圆点在画布上创造出新的图案。这被誉为自毕加索立体派革命以来最伟大的现代艺术！

赫斯特画了一些排列整齐的圆点。他在第一列画了3个点，在第二列画了4个点，第三列6个点，以此类推。点的数量实际上形成了一个序列：3，4，6，8，12，14，18，20。请问，达明·赫斯特在下一列画了多少个点？

提示：即使不在最佳精神状态（mental prime），你也能解决这个问题！

各就各位，预备，开始做饭！

厨房里的数字

烹饪是一种艺术形式，不是一门精确的科学。我们吃东西不仅是为了给身体补充能量，也是为了追求愉悦感；很多人做饭也不仅是为了让食物出现在餐桌上，还为了享受烹饪的乐趣。但有些人更喜欢用科学的态度来看待烹饪。分子烹饪学是食品科学的一个分支，其目的是了解烹饪过程中原料发生的物理和化学变化。这个领域包含三个组成部分：社会、艺术和技术。我们必须承认，虽然煎鸡蛋的过程中有科学因素在起作用（黏度、表面张力，以及如何引入空气），但烹饪还需要人的创造力和个性——在这方面，我的水平还不够。但是，为了达到这些水平，我们先要自觉或不自觉地掌握厨房所需的基本数字技能。我敢说，世上所有精于厨艺的厨师，都一定精于数字。他们可能自己没有意识到，但每名厨师的数学都不会太差。

　　在小学的科学课上，我认识了格伦夫人。她不是老师，也不是拿着拦车棒、帮助孩子过马路的可爱女士，而是为了帮助我们记住如何区分生命体与非生命体的特征而捏造的一个缩略词——MRS GREN。它代表运动（movement）、呼吸（respiration）、感知（sensitivity）、生长（growth）、繁殖（reproduction）、排泄（excretion）和营养（nutrition）。最后一个术语正是本章要讨论的主要内容。

生物体的生存需要食物以提供能量和营养。细胞中的线粒体最终会将氧气和营养物质转化为ATP（三磷酸腺苷），这是一种化学能"流通货币"，可以为细胞的代谢活动提供动力。因此，没有营养，生命很快就会枯萎、凋谢。营养不足时，身体就会衰弱，而帮助我们理解和构想数学的大脑也无法存活。

随便哪一个晚上，只要稍稍浏览一下英国的电视节目指南，你就会发现烹饪节目非常受欢迎。无论你爱看《厨艺大师》还是《烘焙大赛》，无论你喜欢戈登·拉姆齐还是喜欢奈杰拉，总有一个节目适合你。随便找一家书店，你都会发现畅销书单上肯定有跟烹饪有关的名字。无论是从电视节目还是照片墙上贴出的照片来看，英国似乎都是一个热爱烹饪的国家。

最基本的营养数学告诉我们，要维持自己的身体状态不变，我们通过饮食摄入的热量就必须等于我们通过活动（既包括脑力活动，也包括体力活动）消耗的热量。当然，对于那些想减肥的人来说，消耗量必须超过摄入量；对于希望增加体重的人来说，情况正好相反：摄入量必须大于消耗量。

我和烹饪的关系非常复杂。英国曾经有一档烹饪电视节目，叫作《不会做饭与不愿做饭》(*Can't Cook, Won't Cook*)。节目中的两名选手（在节目中充当厨师）是朋友或家人提名的，他们将在顶级厨师的监督下做饭。正如节目名称所暗示的那样，"不会"做饭的人声称他们的烹饪水平仅限于烤面包片，而"不愿"做饭的人根本就不会腾出时间来做饭，也不愿意尝试。我认为自己是两者的混合体。总的来说，我不会腾出时间来做饭，但话说回来，我做过的最复杂的菜——煎鸡蛋，被我弟弟认为根本无法下咽！

我母亲经常根据代代相传的菜谱，做喀拉拉邦的南印度菜。我父亲的口味有些异乎寻常，他经常将冰箱里的东西（无论有什么）和印度菜混在一起吃——每顿饭做出来都不一样！遗憾的是，我没有从父母那里学到足够的印度烹饪知识（至少目前没有），不足以成为一名独当一面的印度烹饪奇才，但我很愿意在厨房里打下手。可以说，我当初之所以对数字情有独钟，部分原因就来自当副厨师长和帮厨的经历。

从很小的时候起，在厨房帮忙使我学会了数量、比例和种类等概念，因为我的父母会让我在沙拉里加入更多的香菜，或者把做薄饼的面团做得更大或更小一些。因为要将物品分成不同的类别（食材要分门别类堆成几堆，红辣椒要放在砧板的一个角上，青辣椒要放在另一边），我第一次在无意中接触到了集合论（还记得学校里学到的维恩图吗？）。小时候，打鸡蛋不是我的强项。即使是现在，我在打鸡蛋时还是会让蛋壳碎片掉进碗里。不过，印度辣味煎蛋卷是一道家常菜，它很容易培养计数技能，因为父母向碗里打鸡蛋时需要数鸡蛋的个数：1个鸡蛋，2个鸡蛋，3个鸡蛋，……（我们确实有秤，不过在印度家庭的厨房里，计量大多是通过肉眼而不是测量工具来完成的。）

我在厨房里的技能并没有取得太大的进步，直到我进入圣波拿文都拉中学（人们称之为圣邦中学）。从7年级到9年级的每一学年，所有学生都要上半个学期的食品技术课程。我们的食品技术老师是萨维尔夫人，她个子不高，但举止娴雅，总是用精准的语言告诉我们在什么时候该做什么。她首先演示了岩石蛋糕（一种质地坚硬、外表粗糙的水果小圆面包）的制作过程，然后让我们按照说明自己动手。我记得我是一丝不苟地按照说明去做的。尽管使用的不是家里的那套计量方法，但这些课程中的精确数字帮助我渡过了难关。就在我的同学们凭着自己的判断和直觉操作的时候，我利用盘秤慢条斯理地测量出了200克自发粉和100克黄油，一点儿不多，一点儿不少。这样做的结果就是与食品技术课上的许多同学相比，我的进度要慢一些。

每次食品技术课结束时，我们都遵循同样的洗刷程序，在半桶温水中加入一团仙女牌洗洁精，把碗洗刷一遍。把碟子浸泡一会儿后，用擦布擦除顽固的污渍，最后在水龙头下面冲洗干净。我很喜欢这套固定程序，这种井然有序的精细安排与那些把所有数据归为一体的数学计算程序几乎没有区别。这些课程确实再次激发了我走进厨房、为父母帮把手的兴趣，不过我发现特别吸引我的还是手工洗碗。

几年后，我完成了我最认真的一次烹饪方面的冒险：参加一个为期两周的烹饪课程。在投资银行交易员这份工作结束之后，我有一段时间没有工作，直到普华永道的见习会计研究生课程开始。这个课程的组织方——青年基金会，是一个为年轻人提供帮助的进步智库。我参加的这个课程叫作"梦想厨房"（*Faking It*），让这个地区的年轻人做一次成为烹饪高手的"美梦"。经过两周的强化训练，我们在霍克顿一家餐厅的专业厨房里为一群游客烹饪。才华常常是密切关注数字的产物，但我再一次发现自己仍然过分依赖于测量数据。我真的很想知道，是否有可能把我对食谱计算的过分关注与我对如何做出美味佳肴的理解结合起来？

就在这时，电视屏幕上的数学家、钢琴家和美食爱好者郑乐隽博士给了我一个灵感。对于那些没见过郑乐隽的人来说，她对数学的热情值得关注！2018年，我很荣幸地作为主持人向英国皇家学会讲座的听众介绍了她。2015年11月，她在美国参加《斯蒂芬·科尔伯特晚间秀》，谈论了如何让数字不那么枯燥乏味，并介绍了她的新书《数学思维》(*How to Bake Pi*)。科尔伯特的节目吸引了一些重磅人物，包括演员乔治·克鲁尼、美国前副总统乔·拜登和前总统奥巴马。对于一个数学家来说，受邀谈论烘焙与数字这个话题真的非常特别。

在节目中，郑博士帮助科尔伯特制作了一种名为"千层酥"(mille-feuille)的法式甜点。这种糕点有3层酥皮，中间夹有2层奶油，它的法语名的字面意思是"一千页"。听起来就很美味，如果是法国人的话，肯定会大呼"miam miam"！实际上，我们可以借助数学中的幂运算，解释这个名称中蕴藏的数学基本知识。将面团对折，就可以做成2层面团。将2层面团再折成3折的话，就可以做成6层（2×3）。再把面团擀开，然后折成3折，面团就会变成18层（3×6）。不断重复这个过程，就会得到18×3×3×3×3 = 1 458层。因此，只需要借助几个很小的数字——2和3，我们就能做出1458层的糕点（因此得名千层酥）。这就是数学中的指数幂：2×3×3×3×3×3×3，也就是2与3的6次方的乘积。可以看出，面团层数增加的速度非常快，从2层增加到6层、18层、54层、162层、486层，最后增加到1 458层。

在节目中，正在和科尔伯特一起完成这个计算的郑博士没能通过心算得出最后答案，但是她巧妙地为自己解了围："我是数学家，不是计算器。"这句话揭示了算术和数学的核心区别。算术能力是指日常生活中所需的进行加、减、乘、除等运算的能力。数学不仅包括算术，还需要发现模式——包括现实世界和抽象领域中的模式。长期以来，计算器在算术这个方面一直比最擅长计算的人速度更快、能力更强。但是数学需要真正意义上的思考，如果没有我们的帮助，计算机是无法做到的。

因此，数学和算术并不完全相同。数学的内容更丰富，而算术只是其中的一个部分。我们大多数人都会做饭，也有很多人会烘焙，因此我们每天都要用到数字。由于烹饪的普及，你甚至可以说几乎每个人都是一名数学家，尽管我们可能不会真的认为自己就是。数学的某些领域要求我们遵循算法，而算法就是一组特定顺序的指令，与指导我们做饭的菜谱并没有什么不同。创造自己的菜谱就跟创造自己的数学定理一样，都是根据自己吸收掌握的原理，提出新的、从未有人提出过的解释。

除非是做冷沙拉，否则你都需要借助烤箱树立你的厨艺大师形象。使用烤箱的关键之一是要学会换算。早在7岁时，我就尝试过烘焙食品。尽管我在添加各种食材时非常小心，但最后烤出来的成品硬得都可以做防身武器了！这应该是因为我在读温度数字时犯了一个典型错误。烤箱用的是摄氏温度，但我错误地看成了华氏温度，因此设置的温度高得足以将蛋糕烤成一团焦炭。

这个教训告诉我，换算绝不能出错。做饭时在锅里多加一点儿盐或油没事，但用错温标会带来灾难性的后果。遗憾的是，关于温标的使用，全球还没有达成普遍适用的常规惯例。在英国，炊具一般采用摄氏温度或"煤气挡位"系统。世界上几乎所有的国家都使用摄氏温标，但与我们英国隔大西洋相望的美国是个例外——他们使用华氏温标。令人奇怪的是，缅甸和利比里亚也使用华氏温标。告诉大家酒吧游戏常用的一个小知识（有人有兴趣的话）：摄氏温度和华氏温度在零下40度时是相等的！

如今，我们可以利用搜索引擎快速完成两者之间的换算，但我们还是有必要了解如何人工完成换算（在无线网络或3G信号失效的时候，这些知识尤其重要）。从摄氏度（用 C 表示）转换为华氏度（用 F 表示），我们可以使用公式：$F = 9C/5 + 32$。

要把100℃转换成华氏度，只需把100代入上述公式。

$F = 9 \times 100/5 + 32$

$F = 180 + 32$

$F = 212$

反过来，将华氏温度换算成摄氏温度，我们需要完成一个逆向工程，或者用数学家的话说就是整理方程。上述方程所求的量是 F，但我们现在求的是 $C = 5 (F - 32) /9$。

接下来，我们尝试将212°F再转换回摄氏度。

$C = 5 \times (212 - 32) /9$

$C = 5 \times 180/9$

$C = 5 \times 180 \div 9$

$C = 100$

当然，大多数炊具都有一个模拟旋钮，只标出25°C及其倍数。因此，烹饪时需要做出合理的估计。

重量是烹饪时需要考虑的一个重要因素。在家里，圣诞火鸡往往是12月25日节日大餐中蛋白质的主要来源（吃不完的还会留到第二天）。烹饪7磅（约3.2千克）的火鸡需要一些基本的比例知识。如果把火鸡放在冷藏室中解冻时每5磅重量需要解冻24小时，那么你需要提前计划好何时把火鸡从冷冻室里取出，留好足够的解冻时间。我们看看涉及的比例关系：$5/24 = 7/x$（重量与时间之比）。

这个方程大致的意思就是：5磅需要24小时，那么7磅需要 x 小时。这需要用到分数的交叉相乘，$24 \times 7/5 = 33.6$ 小时。在这个问题上，我们不能犯 $24 \times 5/7 = 17.1$ 小时这样的错误。否则，火鸡就来不及解冻了，除非你想用它做节礼日①的早餐！我在学校教学生时，工作中最难的一部分往往是帮助他们培养数字意识，让他们看到自己得出的答案就会想："哎呀，好像不对啊？"

如果我们过分依赖于计算器，不加以理解就盲目地将数字代入公式，我们就不太可能发现那些明显的错误。以火鸡为例：在烹饪7磅重的火鸡时，如果得出的解冻时间是17小时，那么大多数成年人可能都会想到这个答案好像不对。解冻一只5磅重的火鸡需要24小时，火鸡越重，所需的时间就越长，因此，17个小时这个答案肯定是算错了。

同样，在研究关于烹饪时长的说明时，比例这个方法也非常实用。食谱告诉我们，每磅火鸡所需的烹饪时间是25分钟，所以我们显然需要计算出烹饪整只火鸡需要多长时间。这是一个更简单的比例问题。每磅25分钟，火鸡总共7磅重，因此我们需要使用乘法：25 × 7 = 175。也就是说，烹饪这只火鸡需要2小时55分钟，接近3个小时的时间。不过，预热烤箱所需时间要另算。

数量变化是厨房里最常用的数学运算之一。你可能正

---

① 节礼日（Boxing Day），每年的12月26日，即圣诞节次日，是英联邦部分地区庆祝的一个节日。——译者注

在用纳迪亚·侯赛因（她是2015年《烘焙大赛》的冠军，随之成为超级明星）的食谱烘焙饼干。如果纳迪亚的食谱是为做6块饼干准备的，而你想做18块饼干，那么你需要把所有的配料都乘3，才能做出你需要的那么多饼干。这似乎是显而易见的，但这里就应用到了数学。在涉及分数时，难度就会增大。如果食谱要求用2/3杯牛奶，那么你需要做乘法：$3 \times 2/3$，得数是6/3，也就是2杯。当然，你首先要确保知道用多大的杯子！

烹饪和数学似乎不是天生的伙伴，但烹饪归根结底就是要求我们在特定的时间框架内遵循一系列与数字相关的程序。一些在社会上享有盛名的美味食谱，是美食家的舌头与数学家的头脑分工合作的产物。

趣味问答

 麦当劳叔叔与尤塞恩·博尔特：麦乐鸡挑战赛

我是麦当劳快餐的粉丝，曾亲眼见证了麦乐鸡挑战赛：一个勇敢的食客将尝试一口气吃掉100块麦乐鸡。下面我们想象短跑传奇人物尤塞恩·博尔特与麦当劳的吉祥物——麦当劳叔叔展开了一场较量。

麦当劳叔叔周一吃了1块麦乐鸡，周二翻了一倍，吃了2块，周三再次翻倍，吃了4块。就这样，他每天吃的麦乐鸡都会翻一倍，所以3天后，他一共吃了 $1 + 2 + 4 = 7$ 块麦乐鸡。

尤塞恩·博尔特周一先吃下了10块麦乐鸡，周二吃了20块，周三30块，以此类推，每天多吃10块麦乐鸡。3天后，尤塞恩吃了 $10 + 20 + 30 = 60$ 块麦乐鸡。

请问，多少天后麦当劳叔叔吃的麦乐鸡总数比尤塞恩多？

什么样的音乐让我们更想聆听?

用数字取悦耳朵

⋈

学生们叫我西格尔先生，你可以叫我博比，

你看，数学对我来说，不仅仅是一种游戏。

二二得四，二四得八，

背乘法表是学数学的好方法。

三角学研究的是角度，

正弦余弦，一定要分清楚。

圆的面积等于 π 乘 r 的平方，

π 乘 $2r$，得到的是周长。

$y = mx + c$ 是一条直线，

m 是斜率，c 是截距。

分子在上，分母在下，

一旦弄错，西格尔先生就会要你去见他。

⋈

这是我创作的数学"说唱"（采用加拿大饶舌歌手德雷克的伴奏节拍），目的是让学生们对数学课感兴趣。2017年年末，我的一个11年级的学生（15~16岁，正在准备GCSE公共考试）正在绞尽脑汁地做一些关于圆的练习题。他一边做题，一边不停地点着头。作为一名老师，在巡堂时你会有一种第六感，知道学生有没有分心。看到他点头，我认为这是他走神了的信号。事实证明，这名学生确实是在认真做题，但他说他之所以点头，是因为他在思考问题的同时，想到了音乐中的小节和节拍。他还说："老师，我有一句非常棒的话送给你——'你的名字叫博比，数学对你来说不费吹灰之力。'"作为一名勤勉的老师，我当然是委婉地告诉他要专心学习，但我也开始考虑把这句话编成说唱，来帮助学生们学习数学概念。

我住在伦敦东部，经常听伦敦的当代音乐，学生们都知道我是英式说唱（grime）、美式说唱（rap）和嘻哈音乐的粉丝。但正是因为这些音乐，我才第一次了解了由喜剧演员转型为说唱歌手的"大鲨鱼"［Big Shaq，真名叫作迈克尔·达帕（Michael Dapaah）］的"小学数学"。2017—2018学年初，他的那首《男人不热》的开头部分"二加二等于四，四减一等于三，这是小学数学"，经常会回荡在操场上（有时还会在我的数学课上响起！）。学生们可以轻松地记住这首歌的其余部分，但同样是这些学生，他们却很难记住那些基本的数学运算公式（比如乘法表）和其他重要的数学公式（比如三角形面积公式）。这让我意识到音乐的力量。音乐不仅能让我们身心愉悦，还能与我们产生共鸣，使我们加深记忆，不容易遗忘歌词内容。

除了首字母相同以外，数学（mathematics）和音乐（music）之间还有其他的联系吗？当然有，当你学习乐器时，你需要分数和比例的知识来计算节拍和节奏。音乐与数学最明显的关系体现在节拍（比如3/4拍或4/4拍）上，音乐家需要计算一个小节中有多少个节拍。英国人将长度为1个节拍的音符（即四分音符）称为"crochet"，把长度为2个节拍的音符（即二分音符）称为"minim"；而大西洋彼岸的美国兄弟们则更有逻辑性，把它们分别称作"quarter"和"half note"，这些名称一目了然，清楚地揭示了其中的含义。[1]

最常见的拍子是4/4拍，其中有4个四分音符节拍。因此，在计算4/4拍时，我们需要敲出它的节拍，每个节拍相当于一个四分音符，如歌曲《老麦克唐纳有个农场》。第二常见的拍子是3/4拍，合起来相当于3个四分音符节拍，例

---

① 英式英语中的名字"crochet"和"minim"的字面意思与音符具体时值没有直接联系，而美式英语中的"quarter"和"half note"在字面上就有"四分"和"二分"的意思。——编者注

如《我们绕着桑树丛》。数学可以帮助学习者理解音符的时值（如二分音符和八分音符）以及音符的均分。

17世纪德国数学家、艾萨克·牛顿爵士的竞争对手戈特弗里德·莱布尼茨认为，"音乐是一种不自觉地计数的感觉"。数学的基础是数字，类似地，音乐的基本组分（节奏和音高）在很大程度上归功于数学。我们听到相差八度的两个音符时，可能会觉得听到的是同一个音符。这是因为这两个音符的频率之比恰好是1∶2。

擅长音乐是否有助于你学习数学，或者擅长数学是否有助于你学习音乐，这个问题目前还没有定论。然而，有趣的是，我们当中很多人在上学时都认识几个能演奏几种乐器、数学能力又很强的同学。

我是一个具有成长型思维的人，我相信只要有针对性地刻意努力训练一段时间，几乎所有人都可以提高自己在大多数领域的能力。但我必须承认，在演奏乐器这个方面，我真的没有太高的天赋！虽然我喜欢听各种各样的音乐，而且能够感受到音乐的感染力，但在演奏乐器时我一直做不到得心应手。

在我心爱的西汉姆联队取得胜利的时候，一首稍微走调的《我永远在吹泡泡》就可以唤起我内心的愉悦感。看到报道2017年伦敦格伦费尔大厦火灾悲剧的新闻时，塞缪尔·巴伯的《弦乐柔板》的悲伤音符会让我安静地沉思。晚上出去玩时,我认为英国流行歌手杜阿·利帕的《新规则》(New Rules)等流行歌曲非常适合气氛,可以让我适度地兴奋起来。音乐可以与我们的灵魂发生共鸣。

我一直觉得事后感到遗憾是没有什么意义的,正确的做法是做出决定,然后遵守这些决定,尽可能地取得进步。但我真希望我年轻的时候能多下功夫练习乐器。5岁那年,父亲给我买了一台卡西欧电子琴,这是我第一次接触乐器。我按照琴键上的灯光提示,学会了一首又一首迪斯尼歌曲(例如《木偶奇遇记》中的《当你对着星星许愿》、《白雪公主》中的《嗨哟》)。这种学习方法看起来很像算法:键盘上方会有小灯闪亮,提示你应该按下哪个键,你要做的就是根据提示按下一个个键。如果你能根据提示连续依次按下这些键,旁边的人就能听出来你演奏的是哪首歌。这让我情不自禁地想起了之前背诵乘法表的经历,我当时也许不是很理解数字之间的这种关系,但还是先背了下来。

直到我11~14岁上中学时,我才正式学会了看乐谱,并开始每周上30分钟的钢琴课。学到第三年,我在音乐上取得了虽然缓慢但比较稳定的进步。不过,在三年级考试前,也就是距中学毕业还有两年的时候,我决定放弃。虽然不同的人在音乐天赋上有差异,有的人对音符和音高有着天生的直觉，但我们只要努力练习，也可以缩小与他们的差距。我通过努力提高了我的数学水平，但由于某种原因，这个过程在钢琴上不太有效。

所以我放弃了音乐演奏，但我仍然喜欢听音乐。

我成长于20世纪90年代，又对各种各样的数字和列表感兴趣。因此，每逢周五晚上，我都会目不转睛盯着电视屏幕，看流行歌曲排行榜。这个榜单会列出畅销的音乐单曲，并将最畅销单曲列在所有人都向往的榜首位置。在20世纪90年代，人们通过购买磁带、CD或黑胶唱片等形式购买音乐，所以计算唱片销量和排序情况很容易。随着新的音乐流媒体服务越来越普及，音乐排行榜在计算排名时还必须考虑在线流媒体数据。

就单曲的实体版而言，艾尔顿·约翰1997年的《风中之烛》以3 300万的销量排在前列，而平·克劳斯贝1942年的《白色圣诞节》则以5 000万的销量稳居全球销量榜首。鉴于实体销售正在向流媒体销售转变，这些销售记录可能再也难以逾越了。

那么，现代的单曲排行榜是如何计算的呢？要通过流媒体技术播放歌曲，你需要登录Spotify或类似的音乐平台，然后点击播放。目前，在编排销售榜单时，在线播放150次就被计算为1次销售。因此，如果流媒体在所有不同的平台上一共播放了15万次,就会被统计为1 000次销售(15万除以150)。当然,销售总量还包括数字下载量和实体碟销售量,但随着"流"的不断增长,这两块的销量正在不断减少。在2017年1月之前,两者比例为100∶1。英国官方排行榜公司一直在监视这个比值,结果表明流媒体正在崛起。2014年,流媒体每周播放量为2.75亿次,但到了2016年,这个数字已经达到了惊人的9.90亿次,而且还在继续上升。音乐视频在YouTube视频网站等平台上的崛起也开始被人们认识到。从2018年7月起,带广告流媒体的600次播放也被计算为1次销售。对于Spotify高级版(Spotify Premium)视频等付费服务来说,换算比例是100∶1。

专辑排行榜的计算略有不同。我最早购买的一张实体专辑是英式摇滚乐队"绿洲乐队"在1994年推出的CD——《晨光荣耀》[*(What's The Story) Morning Glory*]。现在,只要人们通过流媒体技术播放专辑中的歌曲,比如歌曲《奇迹之墙》(Wonderwall),就会被计入专辑的销售记录。截至2015年,专辑每1 000次播放就相当于1次实体销售或1次下载。不过,根据我们自己听音乐的经验,我们知道专辑中某些主打歌曲的流媒体播放次数比其他"充数"歌曲要多很多[例如,大家可以比较绿洲乐队1994年推出的那张专辑中《奇迹之墙》与充数歌曲《她是个电力十足的女孩》(She's Electric)

的流媒体播放次数]。

在这个方面，官方排行榜公司也在不断地重新评估他们在计算排名时采用的算法。为了防止《奇迹之墙》这种轰动性的热门歌曲影响计算结果，他们建立了一个系统，对每张专辑中销量靠前的两首歌曲进行"减权"。从目前的态势看，流媒体网站的消费者会一遍又一遍地听他们喜欢的歌曲。因此，官方排行榜公司会先计算出专辑中所有歌曲（不包括销量靠前的那两首）流媒体播放次数的平均值。接着，他们将前两首歌曲的流媒体贡献值降至其他10首歌曲的平均水平。然后，他们计算出流媒体播放总次数，把结果除以1 000（再加上专辑数字版下载数和实体版销售数）。随着单曲的流媒体与其他销售方式的比例从100∶1上升到150∶1，我们可以预计专辑的这个比例在一段时间之后有可能从1 000∶1上升到1 500∶1，乃至2 000∶1。

但是，制定排行榜计算规则的数学家还需要解决流媒体的其他影响。20世纪90年代，布莱恩·亚当斯、湿湿湿乐队等艺术家在连续10周甚至更久的时间里，高居排行榜榜首，成为各大电视台高度关注的新闻。现在，连续几周高居榜首的歌曲再也不会引来主流新闻同样的关注度了。不过，2017年3月，当红头发的创作型歌手艾德·希兰推出的专辑（这张专辑的名称数学味十足，叫作《÷》）中有16首歌曲占据了排行榜前20的位置时（当时，代表剑桥大学伊曼纽尔学院的我在《大学挑战赛》中正好遭遇代表剑桥大学沃尔森学院的蒙克曼），英国排行榜的历史进程发生了不可逆转的变化！一些人认为这是对音乐排行榜的嘲弄，对于新晋和即将崭露头角的艺术家来说，想要脱颖而出，引起主流媒体的关注，几乎是不可能的了。

现在，官方排行榜公司限定每个人贡献的流媒体播放次数最多为10次。此外，自2017年7月起，他们开始实施一项人为规定：每名艺人最多只能有3首歌曲进入前100名榜单。对于长时间出现在排行榜上的歌曲，流媒体播放次数与销量之比已升至300∶1（新上榜歌曲的这一比例为150∶1）。因此，一首歌曲在排行榜上出现的时间越长，从前100名中消失的速度就越快。理论上，这应该能让更多的艺术家进入令人垂涎的前40名。在Prince（王子，原名普林斯）于2016年去世后，他的6首歌进入了前100名——这种现象在新规则下是不可能出现的。因此，如果ABBA（阿巴乐队）、鲍勃·迪伦、布鲁斯·斯普林斯汀等偶像级音乐艺人去世，当前的规则将意味着他们不会像生前那样继续在排行榜上占据显赫位置。从现在开始，为官方排行榜制定各项规则的数学家和渴望在全球占据主导地位的音乐家之间，将会有一场旷日持久的战斗。

　　所以，你可能会想："好吧，为排行榜制定统计规则的人可能真的会影响音乐的排名，但他们肯定无法影响音乐的内容。音乐家仍然会继续创作音乐，作为一个终端消费者，我不会受到任何影响。"遗憾的是，你错了。流媒体行业的性质和对成功的渴望已经使流行歌曲的创作与特色发生了变化。

　　回想一下20世纪80年代的一些经典流行歌曲和一些传世之作，比如老鹰乐队的《加州旅馆》，甚至是幸存者乐队的《老虎的眼睛》（Eye of the Tiger）。这些歌曲在歌手开始演唱前有长达一分钟左右的前奏。而如果你播放现在的上榜歌曲，就会发现它们大多在几秒钟之内就会进入演唱阶段，比如清洁盗贼乐队（Clean Bandit）的《乖乖睡》（Rockabye），在音乐响起一秒钟后，歌手就开始演唱了。现实中的情况更加复杂一些，但从数据看确实如此。

　　俄亥俄州立大学博士生休伯特·莱韦耶·戈万（Hubert Léveillé Gauvin）通过一项研究发现，从1986年到2015年，歌曲前奏的长度下降了78%，从20多秒降至现在的5秒左右。这与流媒体行业的本质有关系吗？当然有。如果一首歌曲在Spotify平台上播放时间不足30秒，就不会被计作一次播放，因此不会计入每周的流媒体播放量。所以，音乐人面临着巨大的压力，他们必须让消费者很快被歌曲所吸引，以免听众迅速切换到另一首歌。这是音乐作品的"适者生存"法则。与过去相比，现在切换歌曲要容易得多——模拟磁带需要快进，而现在只需轻点一下屏幕，因此歌曲作者和制作人要想创作出未来的热门歌曲，肯定会考虑这一点。现在，人们在听音乐时不仅会按专辑听歌，还会制定播放列表，所以在听音乐的人切换到另一位艺术家之前，入选播放列表的那首歌可能是你拿到一次"播放"的唯一机会。流媒体音乐排行榜背后的这些公式和Spotify平台的"30秒规则"，可能会因为前奏就把20世纪80年代风靡一时的史诗级歌曲扼杀于萌芽状态。音乐的传播媒介和音乐排名背后的数学，确实改变了音乐的内容。

人们认为，音乐创作需要有独创性。有的音乐创作人在那儿一坐就是几个小时，不停地修改旋律和歌词；而有的却恍若做梦一般，美妙的旋律直接就出现在他们头脑中。你真的能创作出新的音乐吗？

2013年，罗宾·西克和法雷尔·威廉姆斯共同创作的歌曲《模糊界线》（Blurred Lines）成为英国（也可能是全世界）最畅销的歌曲。但在2015年，法院判定这首歌抄袭了马文·盖伊于1973年创作的热门歌曲《必须放弃》（Got to Give It Up）。除了获得500万英镑的赔偿金，盖伊家族还将获得未来所有版税的50%。听一听这两首歌，你肯定能发现它们有相似之处。威廉姆斯在法庭上声称，盖伊的音乐陪伴着他度过了青春岁月。他承认这两首歌有相似之处，但他之所以与人共同创作这首歌，目的不过是"传达70年代末的那种情怀"。2017年，艾德·希兰因歌曲《照片》（Photograph）在美国被控侵权并索赔1 400万英镑，后来双方达成了庭外和解。这一次，词曲作者托马斯·伦纳德和马丁·哈林顿称希兰的民谣在结构上与他们的歌曲《令人惊叹》（Amazing）非常相似。

音乐家会从彼此的作品中汲取灵感，但这会导致音乐独特性方面的问题，使我们怀疑会不会有一天我们再也无法创作出新的音乐。我们把这个问题变得更具体一点：是否所有好的旋律都用完了？或者更确切地说，所有悦耳动听的旋律都用完了吗？独立创作的两首歌有相同旋律的机会有多大呢？

我们首先考虑一些简单的歌，比如《三只瞎老鼠》（Three Blind Mice）。由3个音符组成的歌曲共有多少呢？如果我们使用常规音阶，那么只有7种可能的音符可供选择。假设一共有10个音符（用0到9这10个数字来表示），那么我们可以计算出有多少种不同的3位排列。数学上，排列不同于组合，因为在排列中数字的先后顺序很重要。例如：

123与321是不同的排列，但它们是相同的组合，因为它们包含的数字是相同的，只是顺序不同。

对于那些喜欢英国喜剧组合莫克姆和怀斯的人来说，有安德烈·普列文参加的短剧是1971年最优秀的短剧之一。这位世界著名的指挥家和作曲家凭借他的电影作品获得了4项奥斯卡奖。短剧中，埃里克·莫克姆开始弹钢琴，据说是在演奏爱德华·格里格于1868年创作的宏伟壮丽的《A小调钢琴协奏曲》。但普列文看起来很沮丧，说埃里克演奏的"所有音符都错了"。埃里克反驳道："我演奏的音符都是正确的，不过先后次序不一定正确。"也就是说，埃里克可以辩解说他演奏的是正确的组合，因为它包含的音符都是正确的，但它们的顺序错了。

继续讨论排列的数学问题。如果我们有10个音符可选（分别用0到9这10个数字来表示），要创作一首由3个音符组成的歌曲，那么最小的数字是000，最大的是999，总共有1 000种排列。从数学上讲，我们可以快速地计算出这个得数：$10 \times 10 \times 10 = 10^3 = 1\ 000$。

但我们只有7个音符可以选择，所以答案不是10^3，而是$7^3 = 343$。当然，我在这里把问题过于简单化了。音符不只有7个，就像可见光不仅仅有7种颜色一样——每两种颜色之间都有一系列过渡颜色。可见光谱是由一系列连续的具有不同波长的光构成的，声音同样如此。音乐家也可以将声音分成不同的音阶，例如，半音阶中有12个音符。利用这12个音符，我们可以通过上面的方法得到$12^3 = 1\ 728$种3音符排列，其中一些排列听起来就和《三只瞎老鼠》一样令人难忘。

借助数学，我们可以把音乐看作按照特定顺序排列以取悦我们耳朵的一个个音符。音乐是人类以声音的形式表达自己的一种方式（如果加上表演，就是一种实体形式）。我们可以从消费者（听众）、创作者（作曲家）甚至是把作曲家记录的音符还原成音乐的演奏者的角度来看音乐。并不是每个人都会创作音乐，但是我们中的绝大多数人都会听音乐，有的人还会演奏其他人谱写的乐曲。就这一点而言，数学也有些相似。在数学领域，只有一部分人会创造新的数学，绝大多数人都是这种新数学的消费者，但他们仍然能够意识到数学的重要性。

趣味问答

疯狂的欧洲电视网

对我来说,欧洲电视网歌唱大赛是一年一度的音乐盛事,尽管我很期待杰德沃德(Jedward)双胞胎组合可以代表爱尔兰重返这个舞台。每年,大赛都给法国、德国、西班牙、意大利和英国的选手预留决赛名额。

以下是他们选唱的歌曲。请问,为什么只有英国选手得到了令人难堪的0分?

法国选手选唱的歌曲是"Born a shining star"。

德国选手选唱的歌曲是"People in the crisis hour"。

西班牙选手选唱的歌曲是"Time out never ends"。

意大利选手选唱的歌曲是"Rock it fallen friends"。

英国选手选唱的歌曲是"New undying love"。

9

符合数学的，就适合运动

健身中的数学

"如果感觉还好，就做两组！""我是谁？我是恶魔军士！"

每逢周六，只要我回到位于东汉姆的住宅，在上午11点45分至下午1点15分，你都能在东汉姆康乐中心循环训练健身班上找到大汗淋漓的我。在全班做完一组俯卧撑、双杠臂屈伸或开合跳之后，我们那位深受学员欢迎的教练戴夫·麦奎因就会用上面这些话来鼓励我们继续努力。

我喜欢同时承担多个不同的项目，因此经常需要赶时间。我经常想象，等我退休后，我要把所有时间都用来读书和运动。不过现在，虽然我热爱运动，但在工作日里，我通常会尽可能合理安排好我有限的时间。有时候，我会在去学校上课前，花4分钟（是的，就4分钟！）做运动，然后冲个澡。我说的是认真的运动——4分钟的高强度间歇训练（HIIT），而且没有间歇！让心跳迅速加快并保持较高的频率，可以让我在一周的时间里始终保持旺盛的精力。到了周六，我还要参加循环训练班的训练。

此外，如果我在剑桥，我还会尝试跟着剑桥大学的中长跑俱乐部——剑桥大学野兔和猎犬俱乐部一起跑步（尽管俱乐部的名字容易让我们产生联想，但它和猎狐一点儿关系也没有）。这个俱乐部氛围非常友好，既有态度极其认真的跑者，也有像我这样经常参与活动的本地跑步者，甚至还有之前从未进行过跑步活动的人。我就是在这家跑步俱乐部第一次听到了NARP这个词，我觉得用这个词形容我的运动能力最恰当不过了。它的意思是"非运动型规律运动者"（non-athletic regular person），指一个人喜欢运动并努力保持身材，但没有特别的体育天赋，也绝不是运动健将。这就是我，一个NARP。不过我对数字有着敏锐的感觉，可以有效利用高强度训练把我的运动能力发挥至极致。如果用狗来比喻我的运动能力，我也是一只活泼好动的㹴犬，虽然体型不大，但精力充沛！

跑步和循环训练班有一个共同特点与我的个性相合，那就是数字可以发挥至关重要的作用（说实话，任何运动都具有这个特点）。内啡肽在体内迅速蔓延当然很舒服，但我也喜欢用数字定义自己努力超越的目标，例如完成10个漂亮的俯卧撑，或者在80秒内在400米跑道上再跑一圈（这个速度看起来确实比较慢，但对于像我这样平凡的NARP来说，在已经连续跑完好几圈之后，再跑一圈真的是一个不小的挑战）。

健身是一个很重要的行业。仅在英国，2017年健身行业的总市值就达到了47亿英镑。看看大多数文具店或超市摆出的杂志，就会发现其中一些关于健康或跑步的杂志封面上都是诸如"5周内将跑5千米的时间压缩到25分钟以内""10周内增加10千克肌肉""一个月内将体重减少10%"之类的标题。随着健身行业越来越受到重视，那些通过运动科学和数字目标向你兜售训练项目和日常安排、承诺为你塑造完美体型的专家也受到越来越多的关注。

20世纪90年代初，德里克·埃文斯（英国人称之为"激励先生"）经常在早餐时间穿着荧光紧身衣出现在电视屏幕上，鼓励数百万电视观众像他一样经常锻炼。到2008年前后，来自美国的肖恩·T通过他的《疯狂》系列DVD呼吁我们跟着他进行高强度训练："来吧，你们所有人！"再后来就是英国人乔·威克斯，他一直致力于训练职场年轻人保持身材。他在YouTube视频网站上的健身私教视频让他几乎家喻户晓。乔是我们全家人的偶像！

健身产业的目标就是劝说我们加入保持身材的行列。要保持好身材，我们必须做出牺牲，接受高强度的训练。而建立良好的数字意识可以帮助我们更快地实现目标。

几年前，在周六早上，我还能起得够早，经常赶到本地公园，参加9点钟开始的5千米公园跑。现在，我已经不怎么参加这类活动了。即使参加，我也不计时，因为我再也不带计时所必需的条形码了。可能有些人不知道，公园跑是一个全球性的现象，在周六（有时是周日）上午大约有1 000个地方会举行这种免费的计时跑步活动。我在东伦敦地区参加的本地俱乐部叫"东伦敦公路跑俱乐部"，跑步时穿紫色衣服。在我的巅峰时期，我沿本地5千米长的贝克顿长跑路线跑一圈用时18分43秒，跑完10千米的比赛用时39分56秒（我还记得，为了突破40分钟的心理障碍线，我在最后几步全力冲刺的场景）。优秀运动员能跑多快呢？2012年，莫·法拉（Mo Farah）在伦敦奥运会上摘得了5 000米和10 000米这两个项目的金牌，用时分别是13分41秒和27分30秒。不过，这个成绩与令人目瞪口呆的世界纪录（分别是12分37秒和26分17秒）相比，还慢了一分多钟。

我们全家都认为我是一个跑步健将，经常问我什么时候跑马拉松。我的回答是我无法确定。我完成过几次半程马拉松。2013年，我用1小时28分多一点点的时间，跑完了贝德福德赛道。不过，由于我缺乏训练，半程马拉松对我来说要求过高，因此在乘坐我们东伦敦公路跑俱乐部的面包车返回的时候，我感到胃部一阵阵地翻涌，非常难受。我的家人说，如果我可以在1小时28分钟以内跑完半程马拉松，那么我肯定能在3小时内跑完全程。遗憾的是，数据线性外推法并不适用于体育运动。

马拉松被视为衡量业余跑步者的一个标准。一旦你加入了当地的跑步俱乐部，就说明你在无意中踏上了一台跑步机（此处有双关），最终通向马拉松赛道。即使是对于那些在10 000米跑道上占据统治地位的优秀长跑运动员来说，马拉松也被视为终极长跑。（当然，一些超级马拉松运动员不在此列，他们把马拉松提升到了一个新的水平。）莫·法拉退役前曾多次获得奥运会和世锦赛金牌，他决定将职业生涯的最后阶段奉献给马拉松运动。

2017年5月6日，耐克公司试图攀登长跑项目的"珠峰"：在2小时内跑完一场马拉松。这项名为"突破2小时"的项目旨在寻找能够突破这条心理上的时间障碍线，在2小时内跑完26英里385码（42.195千米）的人。2017年7月，在小学老师和一些小学生面前，我做了一个关于大胆梦想的演讲，而这次马拉松就是我这次演讲的注脚。除了运动员要利用自己的内在力量外，"突破2小时"这个目标还需要将科学和体育结合起来，为运动员提供最好的条件。我们不能有丝毫的侥幸心理。

为了让大家对这次尝试的艰辛程度有所了解，我在这里列举一些数字。目前男子马拉松的世界纪录是肯尼亚选手丹尼斯·基梅托在2014年柏林马拉松赛上创造的2:02:57。通过数学计算，我们知道他的速度是每英里4分42秒，连续跑完

26.2英里。换算成公制，就是每千米用时2分55秒，相当于每70秒要在400米的田径跑道上跑完一圈。如果你还记得你学生时代的情形，就知道70秒跑一圈是一个相当不错的成绩。而他要以这样的速度连续跑105圈！如果把这个距离分成100米一段，就相当于你要在17秒内完成一次百米短跑，然后以同样的速度再跑421次！我相信现在你能体会到这些跑步者所面临的挑战了。

我接着介绍这次马拉松赛。组织方挑选了一些最优秀的运动员，包括目前的奥运会冠军、肯尼亚人艾利乌德·基普乔格，以及半程马拉松世界纪录保持者、厄立特里亚人泽森内·塔德塞。耐克挑选了30名世界上最优秀的跑步运动员作为大赛的配速员。选用的赛道是意大利蒙扎F1（一级方程式赛车）赛道，因为它具有海拔较低、无风、单圈长度较短的特点。就连配速员在领跑时都要想办法保护运动员不受风的影响。所有安排滴水不漏，整个活动几乎是按照登月计划的标准，将生物力学、营养学和跑鞋技术发挥到了极限。

比赛开始于早上5点45分，埃塞俄比亚选手勒利萨·德西萨在30分钟后脱离了大部队（最后以2:14:10跑完全程），而塔德塞在20英里时掉队了（跑完全程用时2:06:51）。只有基普乔格还在坚持，但他也没能成功。他用时 2:00:25，仅比设定的目标差了25秒，分摊到每英里慢了不到1秒！虽然这个成绩打破了2:02:57的官方世界纪录，但并没有被官方承认为新的纪录，因为他们违反了几项官方规定，包括不允许使用配速员的规定。但这项活动告诉我们，科学和数学相结合，再加上人类的努力，可以把运动员推向他们的极限。[①]

12月下旬的健身房就像医院太平间一样，冷冷清清，空无一人。但到了1月初，它们又像伦敦地铁一样，被密密麻麻的人塞成了沙丁鱼罐头。这是因为新的一年开始之后，人们又开始制订新年计划了，于是健身房经常会人满为患。最常见的目标是减肥。比如，某个成年人希望在一年内减掉10千克体重，或在目前体重的基础上减掉一定的比例。减肥可能是一个有效的衡量标准，但就其本身而言，它可能毫无意义。大量减少热量摄入所导致的体重减轻并不一定会促进我们的健康。那么，还有其他的健康标准吗？

衡量健康状况的另一个标准是体重指数（BMI）。19世纪40年代，比利时学者阿道夫·凯特勒提出了这一标准。一个多世纪以来，健康专家一直用它来评估病人的体重是偏重还是偏轻。该方法利用体重（以千克为单位）除以身高（以米为单位）的平方来估计成年人的健康体重。

---

① 2019年10月，基普乔格在英力士公司赞助的项目中，于奥地利维也纳的普拉特公园完成"破2"壮举，用时1:59:40。这个成绩同样未被官方认可为纪录。——编者注

大多数健康专家倾向于采用下列BMI标准：

<18.5　体重偏轻

18.5~24.9　体重正常

25~29.9　体重偏重

>30　肥胖

BMI越高，患某些疾病的风险就越大，包括心血管疾病、高血压、2型糖尿病，甚至某些癌症。

凯特勒当初提出BMI，是希望通过简单的"经验法则"来评估健康状况。在现代，我们可以借助各项技术来处理更复杂的计算。BMI没有考虑到我们身体的三维本质，也没有区分肌肉和脂肪。以一个整天看电视的体育迷为例，假设他高1.83米（6英尺），重92千克。那么他的BMI是27。相比之下，一名优秀的运动员可能身高相同，体重比前者重几千克，因此他的BMI大于27。我们会认为这名优秀运动员体重偏重，而且程度比那名整天坐在那儿看电视的体育迷还严重吗？我不这么认为。在知道肌肉比脂肪重后，我们就更不会这么认为了。

2013年，牛津大学数值分析教授尼克·特雷费森在《经济学人》杂志上撰文，对BMI标准进行了一番批评：

⋈

　　你们（以及英国国民医疗服务体系）用来评估肥胖程度的体重指数是一种奇怪的衡量标准。我们生活在一个三维的世界里，但是BMI的定义是体重除以身高的平方。它是19世纪40年代发明的，那时还没有计算器，公式必须非常简单才能使用。由于这个毫无根据的定义，数以百万计的矮个子对自己的肥胖程度估计不足，而数以百万计的高个子则反应过度。

⋈

　　在健康行业中，BMI仍然被许多人用作一种衡量标准，这一点有些令人担忧。看看这个公式，其中有身高的平方，也就是指数是2。我们的世界是三维的，因此我们知道个体的生长方式不会是线性的。或许将指数变成折中的2.5，效果会更好。有趣的是，凯特勒在1842年确实写过："如果人在所有维度上的增长都是一样的，那么他在不同年龄段的体重将是他身高的立方。"这句话等于承认使用身高的平方计算可能是错误的。

　　在21世纪，肥胖问题将会越来越严重。如果社会对BMI标准寄予厚望，那么我们也许需要对这个统计数据的使用进行更细致的讨论。衡量成年人是否超重的指标还有腰围或腰围－身高比。从科学上讲，腹部肥胖的人患心脏病和其他代谢性疾病的风险更高（可能是因为脂肪会影响心脏和肝脏等内脏器官）。

数学是一个实用工具，既可以帮助我们制订短期和长期目标，还可以衡量我们健康水平的变化情况。英国国民医疗服务体系鼓励成年人参加"从沙发到5千米"这个跑步计划，告别久坐，转而开始积极的生活方式。参与者需要制订量化的每周计划，以激励自己实现既定目标。

我记得我曾经在学校科学课的课堂上用心率作为测量指标。首先，我们测量了自己的静止心率。然后，我们做一些运动（通常是绕着学校的水泥操场跑一圈），再测量一次心率。衡量健康程度的一个标准是心率从较高水平恢复到静止状态的速度有多快。

在体育这个领域，边际收益有可能对我们的表现产生重大的影响。在2018年之前，英格兰国家男子足球队从未赢得过世界杯的点球大战，真的是所有国家中点球成绩最差的。他们在1990年以3∶4负于联邦德国，在1998年以3∶4负于阿根廷，在2006年以1∶3负于葡萄牙。英格兰主教练索斯盖特本人在1996年欧洲杯点球大战中踢丢了一个点球，那场比赛英格兰队以5:6不敌德国队。索斯盖特意识到了边际收益的重要性，因此他要求球员关注各个具体的过程和技术。例如，在训练中，球员不再是匆忙起脚，而是从中场线慢慢走向点球点，以模拟比赛的情形。他们还演练了一两套在压力下执行罚球的方案，明确列出了球员执行罚球的先后次序。这种对细节的关注（再加上球员钢铁般的意志）使英格兰队在世界杯点球大战中迎来了首个激动人心的胜利，以4:3击败哥伦比亚队。

许多教练都受到了持续改善法（kaizen）的启发，"kaizen"在日语中是"改善"的意思。那些采取持续改善法的日本企业谋求的是不间断的全面改进。他们从不追求完美，更多地关注小的目标，而不是远大目标。这种关注进展的行为会让他们不停地进步。作为个人，我们也可以从中受益，因为跑步技术或呼吸方法的微小改进，甚至更换不同类型的运动鞋，都有可能带来显著的改善。边际收益简直就是把乐购超市的"点滴皆有益"广告语搬进了体育领域。这个广告语原本的意思是说，乐购能帮助你做到节约从小处做起。

体育运动可以让我们明白一个道理：奉献精神和努力练习可以帮助我们克服任何先天性的不足——至少在一定程度上是这样。1995年夏天，在瑞典哥德堡举行的世界田径锦标赛引起了我的关注。来自盖茨黑德的乔纳森·爱德华兹看上去似乎实力不强，但是他在三级跳项目中打破了纪录。他的第一跳成绩是18.16米，稍稍超过了59英尺半。第二跳成绩是18.29米，也就是60英尺（电视评论员向我们证明了在厘米和英尺之间完成实时转换的重要性）。这两跳连续打破了世界纪录，都堪称惊世一跳。爱德华兹远不是球场上最高的运动员，但他的技术帮助他获得了金牌。直到现在，这仍然是历史上跳得最远的三级跳远官方纪录。

这些比赛对我有什么启发呢？我希望自己也能在三级跳这个项目上获得一些荣誉。因此，在那次赛事之后、一年一度的校运动会召开之前，我一直按部就班地为三级跳比赛做准备。我试图搞清楚是什么帮助爱德华兹创造了世界纪录。答案是技术、速度，此外，我认为还需要大量的练习。我观看了记录爱德华兹的跳跃动作的录像带，并试图在我家的后花园中模仿他的手臂和腿部完成的那些动作。三级跳只需要短时间的爆发力，所以我在那一年里也做了这方面的练习，重点是10~15米的冲刺。

运动会来了，我也做好了准备。我很想告诉大家，个子最矮的七年级男生（也就是我）取得了第一名，但事实并非如此。不过，虽然我只夺得了第二名，但我打败了那些比我高很多的男生，这说明技巧和重复练习可以帮助我们战胜更有天赋的对手。当我在八年级再次参加三级跳项目时，我取得了第三名，名次下降是因为我的技术再也无法弥补体格上的不足——我和其他男孩的身高差距进一步加大了。

数学与我参加三级跳比赛的经历有些相似。也许有些人似乎天生就喜欢数学，但我真诚地相信，经过深思熟虑和有针对性的努力，我们所有人都能超越自己的预期，取得更大的成就。

"如果你找到了人类忍耐的极限，请告诉我们。"在我卧室的墙上挂着一张耐克的海报，可能已经有25年的历史了。海报的整个画面定格在一名冲过终点线的普通运动员的脸上。他似乎已经精疲力竭。数学不仅可以帮助我们向个人健身目标迈进，还告诉我们，有时候数字只是我们要打破的目标。在如今这个注重数据的时代，个人智能手机及其测量的数据得到了普遍的应用，但这又是一个悖论的时代：一方面业余爱好者将健身运动推上了前所未有的高度，另一方面我们也见证了西方国家的肥胖水平创下了历史纪录。

趣味问答

 乔·威克斯在数学指导下进行的日常锻炼

我是YouTube健身频道"身体教练"（Body Coach，即乔·威克斯创立的频道）的粉丝。乔·威克斯经常会在环游世界时，在YouTube上为他的数百万粉丝安排好日常训练计划。有一次，他准备前往纽约的中央公园，为他的美国粉丝们安排一场户外运动。途中，他参观了美国国家数学博物馆（MoMath）。为了对数学博物馆表示敬意，乔设定了专门面向减肥人士的日常锻炼计划，要求他们循环完成整套动作，连续锻炼17分钟。（当然，这是乔为这个动作选择的一个最好的数字[①]，因为他希望订阅者的身体都能保持最佳状态！）

2个波比跳（Burpee）

3个站姿提踵（Calf Raise）

12个箭步蹲（Lunge）

13个俯身登山（Mountain Climber）

---

① 原文为"prime number"，"prime"有"最后的"之意；这个词本意指质数，17是质数。——译者注

16个俯卧撑（Press Up）

19个徒手深蹲（Squat）

按照这份日常训练计划，我应该做多少个屈膝跳（Tuck jump）呢？

钱，钱，钱

日常财务背后的数学

我能在数学中发现一种美感。套用19世纪早期法国艺术界喊出的那个口号，"为数学而数学"①就足够了。这句话鼓励我们用不带任何功利主义的眼光去理解我们周围世界的模式，并阐释了这种做法的内在价值。但是，当孩子们在课堂上感到困惑并举手提问"学习数学有什么意义？"的时候，所有的数学老师都应该有所准备。孩子们提出这个问题，并不是在寻求帮助，而是因为他们受到了存在性焦虑的困扰。

在数学课上，这个问题以不同的形式被抛到我的面前。当然，这对我影响不大，因为我觉得数学本身很吸引人，但其他人——尤其是年轻人——常常想知道数学与他们的未来生活是否存在某种直接关系，希望知道他们为什么要花时间学习数学。

① 19世纪法国艺术界那句口号的原文是"为艺术而艺术"（art for art's sake）。——编者注

无论你是富有还是贫穷，在你人生的某个时刻，你都需要考虑金钱的问题。在表述金钱时要使用数字，因此慢慢地就有了金融数学。从相对简单的利息计算到导致2008年金融危机的"数学杀伤性武器"，数学已经彰显出我们不能忽视的重要性。

我是慈善机构"国民算术能力"（National Numeracy）的大使和支持者。该机构成立于2012年，其宗旨是解决英国人（尤其是成年英国人）算术能力极其糟糕的问题。在英国，只有不到50%的成年人拥有11岁小学生应该具备的算术能力！诚然，11岁孩子在学校数学课程中学到的东西与成人生活对日常算术能力的要求有所不同，但这个数据仍然令人感到震惊。下面这个问题可以很好地说明英国人的算术水平差到何种程度。

如果你的工资是每小时9英镑，那么在加薪5%后，你每小时能挣多少呢？不管有没有计算器，半数英国人都很难计算出新的工资是每小时9.45英镑（9英镑的10%是90便士，5%是它的一半，也就是45便士，再加上原有的9英镑）。

英国的文化以及我们对这门学科的态度是导致英国人在数学上面临障碍的一部分原因。当我在酒吧或晚宴上向一群新朋友做自我介绍，说自己是一名数学老师的时候，通常都会有人举手示意。先是一个人说他上学时数学学得很差，然后其他人就会随声附和，异口同声地说自己数学很烂。数学不好似乎是一种荣誉。当然，我承认有一小部分人（占总人口的3%~6%）有不同程度的计算困难，这种情况会在他们学习数学技能时产生负面影响。

慈善机构"国民算术能力"曾因为一则广告而上了新闻头条。2015年，英国演员海伦·米伦女爵士在美妆巨头巴黎欧莱雅的一则广告中称："年龄只是一个数字，而数学从来就不是我的菜。""国民算术能力"机构认为这则广告是在炫耀数学学得不好，因此敦促他们修改广告词。该慈善机构的首席执行官迈克·埃利科克在推特上表示，他们很反感这则广告，因为随口说出"我数学学得不好"这种话会让人们对消极态度习以为常，从而造成非常不好的影响。值得赞扬的是，巴黎欧莱雅承认了他们的错误，并删除了这句广告词。

这个案例凸显了数学所面临的挑战：如何面对历史上长期存在的公众消极态度。2018年5月16日，英国迎来了首个"全国算术日"，全英媒体积极地安排了全方位的报道。《金融时报》和伦敦《标准晚报》等主流媒体发表了文章；BBC 4台的旗舰节目《今日》、BBC《早餐新闻》（我与《倒数》栏目数字方面的天才雷切尔·赖利一起参加了访谈）和英国独立电视台（ITV）的《早安英国》——访谈对象是"省钱专家"网站的马丁·刘易斯——都安排了访谈节目。不过，一切才刚刚开始。

大多数在学校有过惨痛经历的人，往往会记得自己在学习基础数学（比如数学的四则运算——加、减、乘、除）时遭受的痛苦。我们还是坦率地承认吧：造成这个问题的更主要原因就是算术能力，是我们人生旅程中每天都离不开的数字处理能力。

虽然算术是数学的一部分，但数学绝不仅仅是算术。作为现代公民，我们必须承担起自己的财务责任，而理解财务背后的数学可能是培养这种责任心的一个起点。

我们处理积蓄的最基本的金融手段是银行存款。在我教的13岁及以上的学生中，大多数人都应该见过单利和复利这两个术语。你把钱存在银行里，作为回报，你将在一段时间后收到银行支付的利息。同样，如果你从银行（或任何其他机构）借钱，你就需要偿付利息。

本质上，利息就是借款的成本。你因为贷款人向你提供贷款而支付给他的钱，通常用本金（贷款或存款的原始金额）的百分比表示。比如，银行有时会告诉我们储蓄账户的年利率是3%，或者按揭贷款的年利率是5%。

在数学上，利息有单利和复利这两种类型。显然，单利就是很简单的利息。不过，根据我的经验，单利通常只会出现在普通中等教育证书考试出题人的头脑中（因此，大多数

16岁的英国学生仍然需要掌握单利的计算方法），在现实世界中并不特别常见。我看到过一些汽车贷款是单利的，利息根据每天的贷款本金余额来计算。偿还这种贷款时，借款人首先支付所有到期利息，然后支付本金余额。

我们看一个单利的例子。假设我贷款买一辆银色的日产玛驰车（这款车既可以供我自己使用，也可以和我母亲合用），价格是3 000英镑。日利率等于年利率（假设是5%）除以一年中的天数（非闰年的话就是365天）。以5%的利率贷款3 000英镑，每天的利息是0.41英镑（3 000英镑 × 0.05 ÷ 365）。这也就是说，我为了得到这笔贷款，需要每天支付41便士。在还清我借贷的3 000英镑本金之前，我每天都要支付41便士的利息。

单利贷款通常按月分期偿还，每月偿还的金额相等。用金融术语来表达的话，就是"摊还"，意思是每次偿还时都会有一部分钱用于支付利息，剩下的钱用于支付贷款本金余额。

我梦寐以求的车是"迷你"（Mini）牌轿车。这款车外形时髦、结构紧凑、充满活力，与我的体型和个性都非常匹配！1969年，迈克尔·凯恩和他的那群伙伴在惊悚片《偷天换日》中上演了一场现象级的飙车戏。从那以后，我就迷上了迷你车。但最初的英国迷你车都是手动挡的，遗憾的是，我不喜欢手动挡汽车，不喜欢像我的美国朋友说的那样"用一根棍子"驾驶汽车。因此，我目前的想法是在几年后买一辆三门掀背式"迷你库柏"（Mini Cooper），一手车市价大约是2万英镑。在现实世界中，我可能会买一辆质量不错的二手汽车，但在本次练习中，我们还是看看用汽车贷款购买一辆新车所涉及的数学计算吧。

　　在迷你车官网上购买这款车时，你可以选择在4年内（即48个月）按月付款。我需要预付3 000英镑的定金，剩下17 000英镑的本金，理论年利率为4%。我每月需要还款383.84英镑。这是怎么算出来的呢？（注意，我最初是在Excel电子表格上完成这些计算的，所以直到最后一步才四舍五入。）

　　第1步：把我贷款的年利率换算成小数，4%就是0.04。

　　第2步：将这个小数除以12个月，得到月利率，即0.04÷12 = 0.003 3⋯。

　　第3步：用月利率乘我的贷款总额：0.003 3⋯ × 17 000英镑 = 56.66英镑。

　　第4步：用第2步的得数加1。1+ 0.003 3⋯ = 1.003 3⋯。1表示借款的本金，0.003 3⋯其实就是利率。

　　第5步：以第4步的得数为底数，以分月偿付的月数为指数，计算这个幂函数的值，也就是48个月的复利率：

（1.003 3…）^{48} = 1.173 199。

第6步：取第5步得数的倒数。也就是1 ÷ 1.173 199 = 0.852…。这表示原始借款金额占总还款（包括利息）的比例。

第7步：用1减去第6步的得数。1 – 0.852…= 0.147…，这是整个还贷期内利息所占的比例。

第8步：用第3步的得数除以第7步的得数，即56.66…英镑 ÷ 0.147… = 383.84英镑。

这些数字告诉我，4年期、年利率4%的贷款每月需要偿付383.84英镑。4年结束时，所有月付加到一起的总额是18 424.52英镑。如果加上我最初付出的3 000英镑定金，我购买梦寐以求的迷你车的实际成本（包括贷款的全部利息）是21 424.52英镑。因此，如果购买这辆车时不是直接付2万英镑的全款，而是贷款1.7万英镑，那么我要额外支付1 424.52英镑的利息。

在金融界，有一种叫作敏感性分析的技术，用于研究改变投入（利率、定金金额、还款期限）时导致产出（月还款额和总成本）发生的变化。如果我把4年期贷款延长到6年期，那么我每月的还款额会降至265.97英镑。这不是挺好吗？当然，月付的压力变小了，但总成本升高了。加上最初的3 000英镑定金，我的迷你车的总成本就会变成22 149.84英镑。

　　贷款利率对数据处理有重要影响。假设我的汽车贷款年利率不是4%，而是6%，增加的幅度听起来似乎不是很大。但是，对于前面的那个4年期贷款而言，月还款就会（从383.84英镑）增加到399.25英镑，还款总额增加到19 163.73英镑。所以买这款迷你车要多花739.68英镑。虽然利率增加的幅度似乎不大，但实际上我们需要多付一大笔钱。

　　这种情况在数学上能给我们什么启示呢？在选择汽车贷款时，我们总是要权衡利弊。如果你的财政预算很紧张，那么月付越低就越有吸引力——尽管这意味着你月付的次数越多，你为你梦寐以求的（也有可能你不是那么向往）汽车支付的总价格也越高。当然，如果你希望尽快摆脱债务，你就应该预付尽可能多的定金，同时增加你每月的还款金额。

　　"复利是世界上的第八大奇迹。懂得它的人，就能从中获益……不懂它的人……就会付出代价。""复利是宇宙中最强大的力量。""复利是有史以来最伟大的数学发现。"人们经常以这样那样的形式，将这些意义深刻的名言归功于物理学巨人阿尔伯特·爱因斯坦。

　　我们在现实世界中可以看到的最典型的复利是银行账户中的存款。每隔一段时间（通常是一年），这些账户的利息就会被加到存款（本金）中。所以，在第二年计算利息金额时，本金的金额比之前存入的金额大。

我们可以做一下比较。假设单利银行和复利银行这两家银行的年利率都是5%。再假设我在一次累计下注的赌球中获得了成功。最终的结果是西汉姆联爆出了一个大冷门，在客场对阵曼城的比赛中取得了胜利，帮助我净赚了500英镑。我分别考虑将这500英镑存于这两家银行的情况，为期3年。

单利银行

开始时的本金 = 500英镑

第1年的利息 = 500英镑的5% = (5/100) × 500 = 25英镑

3年总利息 = 25 × 3 = 75英镑

3年后在该银行的存款总额 = 500 + 75 = 575英镑

单利的利息可以用公式 $P \times R \times T$ 表示，其中：

P（本金）是存入的金额

R 是年利率

T 是存入的年数

复利银行

开始时的本金 = 500英镑

第1年的利息 = (5/100) × 500 = 25英镑

1 年后的本金 = 500 + 25 = 525 英镑

第 2 年的利息 = (5/100) × 525 = 26.25 英镑

2 年后的本金 = 525 + 26.25 = 551.25 英镑

第 3 年的利息 = (5/100) × 551.25 = 27.56 英镑

3 年后的本金 = 551.25 + 27.56 = 578.81 英镑

因此，3 年后复利银行会付给我们 578.81 英镑，而单利银行则付给我们 575。我们在复利银行的收益更多，但两者相差不是很大。只有随着年数增加，复利的巨大威力才会逐渐显现出来。我们可以用数学上的指数简化计算。2 年期：$1.05^2 \times 500 = 551.25$ 英镑；3 年期：$1.05^3 \times 500 = 578.81$ 英镑。

下面列出的是一段时间之后我在单利银行和复利银行的本金金额对比情况：

10 年后：750 英镑——814.45 英镑

20 年后：1 000 英镑——1 326.65 英镑

50 年后：1 750 英镑——5 733.70 英镑

100 年后：3 000 英镑——65 750.63 英镑

真可谓差之毫厘，谬以千里。储蓄账户的年利率是 3% 还是 5%，两者之差似乎微不足道，但 10 年期复利的差异将达到令人吃惊的程度。以1万英镑投资的收益为例，这是3 393.16英镑与6 288.95英镑之间的差异。复利就像从滑雪坡道上翻滚而下的雪球，它会越变越大，直至变成一个足以导致雪崩的致命杀手。因此，我们在生活中应该时刻保持警惕，谨防寻常事物通过复利的力量爆发出惊人的威力。当然，这一点在金融界最为明显。很多人因为误解了复利的概念，向发薪日贷款公司或类似机构借了一小笔钱，结果导致自己巨债缠身。这样的例子实在是举不胜举。我们希望全英国人民不断提升投资理财的能力，而理解复利这个概念对于实现这个目标具有极其重要的意义。

即使是在自我完善这个方面，复利也能帮助你意识到制定目标的难点所在。假设在1月1日，你制定了一个目标：在新的一年中每天提高1%。与单利的概念不同，这是一个复利增长的概念，因为每天结束时，你的"本金"数额都会发生改变。一天之后，你提高了1%。两天后，你在年初的基础上提高了2.01%。10天后，你提高了10.5%。经过一个月的30天之后，你提高了34.8%。如果你每天都能保持1%的进步，那么在一年365天过去之后，你会在年初的基础上提高3 778%，也就是年初的37.78（1.01^{365}）倍！

《ABC》是我最喜欢的歌曲之一，它是"杰克逊五兄弟"

乐队于1970年发行的，领唱者是能歌善舞的神童迈克尔·杰克逊。这首歌唱道："A、B、C，就像1、2、3一样简单。"如果他们再大胆地继续下去，一直唱到字母D和E，我们也许就有机会让那些在婚礼或生日派对的舞池里纵情狂欢的人了解"e"这个数学概念了。

所有学生都遇到过π这个符号（在学习圆的面积时会遇到它），但e是学生们在16岁以后的数学课上才会遇到的东西。e代表指数，最早由瑞士数学家雅各布·伯努利于1683年提出。（伯努利家族与杰克逊一家一样人才辈出，不过是在数学领域。）指数函数出现在有关复利的问题中，它不仅促进了对数函数的发展，还为数学家理解诸如温度、放射性甚至物种（比如我们人类）的数量增减等变量创造了便利条件。

另一位瑞士数学家——莱昂哈德·欧拉，是18世纪神话般的数学巨星，他通过下列公式将e、i（虚数单位、负数的平方根之一，$i^2 = -1$）和π联系到了一起：

$$e^{i\pi} + 1 = 0$$

这个公式被称为欧拉公式。有人认为它是最美数学等式的一个典范，因为它表达出了数学领域中最基本的几个数字之间的深刻联系。但也有人（例如我在剑桥数学圈中的那些头脑聪明的朋友们）认为这个公式与大多数男子国际足球比赛中的英格兰队一样，得到了过高的评价和过多的追捧。

我们继续讨论字母e。这一次，我们假设你有100英镑存款。你把它存入银行，而银行以复利的方式每年支付5%的利息。现在我们知道如何计算5年后的金额了。5年后，你的银行存款将变成$100 \times (1 + 0.05)^5 = 127.63$英镑。

假设一家银行非常慷慨，每年开出了100%的年利率（可以想象一下通过庞氏骗局骗取钱财的人，或者是2007年前的冰岛银行）。那么，只要你存入100英镑，一年后你的存款就会变成200英镑。

我们再来设想第二种情况。假设银行利率减半，但利息计算周期也减半，也就是说一年结息两次，利率为50%。6个月后，你就有150英镑存款了。12个月后，你的存款就会变成$150 \times 1.5 = 225$英镑。这显然比一次性支付的100%的年利多。计算方法如下：

存款期过了1/2后：$(1 + 1/2)^1 = 1.5$

存款期完全结束后：$(1 + 1/2)^2 = 2.25$

由于你投资了100英镑，因此两次结息后的存款金额将分别为150英镑和225英镑。

我们继续设想第三种情况。假设银行将100%的年利率分成3等份（33.33%），每隔1/3年（即每4个月）支付一次利息。你的计算方法就会变成下面这种情形：

存款期过了1/3后：$(1 + 1/3)^1 = 1.3333$

存款期过了2/3后：$(1 + 1/3)^2 = 1.7777$

存款期完全结束后：$(1 + 1/3)^3 = 2.3703$

因为你一开始的投资是100英镑，所以你账户上的最终金额是237.03英镑。

可以看出，复利计算频率增加，一年后你的银行存款就更多。现在你可能会问：如果我们可以把复利的周期变成3个月、2个月、1个月，甚至更小的间隔——比如半天、一个小时、一分钟、一毫秒等，我们最终会得到无穷多的钱吗？

如果把存款周期变成 n 等分，利率变为 $1/n$，并连续计算利率，那么存款期结束时我们就会发现下面这个模式：$(1 + 1/n)^n$。

观察下表，注意当 n 变得非常大时的变化（取10位小数）：

n	$(1 + 1/n)^n$
2	2.250 000 000 0
3	2.370 370 370 4
4	2.441 406 250 0
10	2.593 742 460 1
100	2.704 813 829 4
1000	2.716 923 932 2
10 000	2.718 145 926 8
100 000	2.718 268 237 2
1 000 000	2.718 281 692 5
10 000 000	2.718 281 692 5

当 n 变得非常大甚至趋近于无穷时，$(1 + 1/n)^n$ 的极限越来越接近一个固定的数，大约是2.718。这就是数学家所说的e。

如果有人不愿欣赏指数函数e的美，我会因此而感到遗憾，但管理个人财务的冷酷现实具有重要的物质意义。如果消费者能理解复利的含义，那么在他们申请商业贷款购买任何东西，或者做理财决策时，都会容易得多。只要你能正确理解复利，它就有可能成为你的好朋友；否则，它就是你不想遭遇的敌人。

趣味问答

" 詹姆斯·柯登和拉塞尔·布兰德的

西汉姆狂欢日采购 "

在一场重要的足总杯主场比赛开赛前，詹姆斯·柯登和拉塞尔·布兰德决定去逛逛西汉姆联队位于伦敦体育场旁的超级商场。在这一天，俱乐部有"全场8折"的优惠活动。因此，詹姆斯开开心心地买了一件新的深红色加蓝色的主场球衣和一条围巾，一共花了64英镑。然后，他把围巾送给了拉塞尔。

詹姆斯和拉塞尔知道64是8的平方，但他们还想算出球衣和围巾打折前的价格。已知在打8折前，球衣比围巾贵40英镑。

球衣和围巾的原价到底是多少呢？

11

贪婪是个好东西

金融市场中的数学

"博比·西格尔是如何预测到2008年金融危机的"——这是我在《大学挑战赛》上露脸之后,《GQ》杂志一篇文章的标题。《GQ》原名《绅士季刊》(*Gentlemen's Quarterly*),是一本面向男士的国际性月刊,采访对象通常是说唱明星斯托姆齐、演员杰拉德·巴特勒、体育节目主持人加里·莱因克尔和前一级方程式赛车冠军简森·巴顿这样的人。但在2017年4月,他们认为一名正在攻读硕士学位的数学老师也值得他们关注!

《GQ》的这个标题指的是什么呢?2008年9月15日是个周一,雷曼兄弟银行破产。但在这之前,就有迹象表明情况不大妙。传统的金融市场分析师会关注更明显的指标,例如雷曼兄弟的股价或信用违约互换价格(有点儿像公司破产保险,本质上的意思是你可以判断某家公司是否前景不妙,然后赌上一把)。

对我来说,加入这个全球金融巨头,其中一个小小的好处是不用自己买文具。那里有充足的纸、笔和彩色荧光笔,足以让我用到英格兰队再次在世界杯上折桂！然而，在2008年夏季6月和7月这令人懒散的两个月里，公司不再向文具柜补充这些文具了。我甚至不得不自己前往WHSmith商店，购买上班需要的笔！因此，我采取了任何一名20多岁的年轻交易员在厄运临头之际所能采取的最理性的行动——朝巧克力自动贩卖机走去。

雷曼兄弟的大多数员工都会把一小部分薪水转到午餐卡上，这种卡有点儿类似于直接借记（听说这是一种避税手段）。我意识到，如果公司破产，那么我午餐卡上的钱在债权人受偿计划上的排名会相当靠后。所以，就在公司破产前不久，我买了一个超大号的购物车去公司，把自动售货机里至少价值几百英镑的巧克力一扫而光，包括玛氏、士力架、狮王巧克力棒、麦提莎、佳尔喜、吉百利脆爽巧克力，各种品牌应有尽有。起初，跟我关系比较密切的同事们都认为我对雷曼的前景过于悲观，但到了危机发生的那一天，那满满一车巧克力证明我省下了一大笔钱！

由此可见，我并没有准确地预见到这次金融危机，否则我可能会在雷曼破产前离职，但我看到了一些预兆，知道情况并不是很好。2008年金融大衰退给经历这次事件的许多人留下了各不相同的记忆。就连那些从来没去过混乱喧嚣的金融交易大厅的人也受到了这场危机的影响。为了防止这种情况再次发生，我们所有人都应该理解导致这场灾难的基础数学原理，或至少认识到它的重要性。况且，就像单利和复利一样，金融背后的数学同样是我们每天都要打交道的事物。

但普通老百姓为什么要关心金融世界发生了什么呢？难道那些东西不是那些像打了鸡血一样的经纪人牺牲大众利益为自己牟取暴利的手段吗？

要知道，大多数就业机会最终取决于经济的健康状况。稳定的金融市场，特别是信贷可供量（这是由央行的贷款利率决定的），在经济中扮演着至关重要的角色。我们可能不喜欢这样，但银行家对资本配置的决策真的会影响到我们的日常生活。所以我们需要确保自己至少能看懂经济新闻，这样我们才能理解电视屏幕上跳出来的数字。

如果我们能更广泛地理解经济数学，是否有助于避免2008年的金融危机呢？也许是，也许不是，但作为负责任的公民，我们必须明白我们的经济是如何运作的。

▷◁

重点是，女士们、先生们，贪婪——抱歉我找不到更好的词去形容——是个好东西。贪婪是对的，是有效的。贪婪可以让人看清形势，理清思路，然后抓住事物演变的本质。贪婪有很多形式，有对生命的贪婪、对金钱的贪婪、对爱情的贪婪、对知识的贪婪，所有这些都是人类一切进步的动力。请记住我的话，贪婪不仅可以拯救泰达纸业，还可以拯救出现问题的美国。

⋈

这是电影《华尔街》中银行家戈登·盖柯说的一段话（1987年，演员迈克尔·道格拉斯凭借这个角色获得了奥斯卡奖），本章的标题就取自他这段话。这部电影描绘了20世纪80年代金融市场的繁荣。场景设置在繁忙的银行营业大厅，有很多电脑屏幕，经纪人同时通过两部电话接受客户的买卖指令。说实话，那个场景真的让我肾上腺素飙升，正是它激励我在毕业之后一头扎进了银行业。

2005年前后，全球金融市场给人一种无所不能的感觉。世界经济节节攀升，似乎没有上限；赊购很容易达成，西方世界的消费者根本不在乎价格，肆意地购买高科技和奢侈品。作为一个攻读数学和经济学学位的年轻人，我觉得快节奏的银行业是我就业的最佳选择，能将我的能力发挥到极致。

央行银行家则是另一种类型的银行家。英国央行——英格兰银行成立于1694年，当时的英国国王是威廉三世。现在，"针线街上的老妇人"（这是人们根据英格兰银行伦敦总部所在地为它起的别称）的主要职责是监督货币政策。英国央行货币政策委员会每年召开8次会议，制定利率政策。无论我们是储蓄者还是按揭者，这个利率对我们都有着深远的影响。遗憾的是，许多学生在16或18岁毕业离校时，都不知道经济学对我们生活的影响比他们以为的更加广泛。值得庆幸的是，英格兰银行已经着手采取措施纠正这一状况。2018年4月（当时我正在英格兰银行工作），该行行长马克·卡尼和首席经济学家安迪·霍尔丹（Andy Haldane）帮助推出了一项名为"经济学与我"（econoME）的免费学校资源项目，目的是帮助在校学生揭开经济学的神秘面纱，同时充实学校的课程。

查尔斯·狄更斯的小说《大卫·科波菲尔》中，米考伯提到了最基本的经济数学方程：

><

如果年收入二十英镑，每年花销十九英镑十九先令六便士，那就是幸福。如果年收入二十英镑，每年花销二十英镑六便士，那就是贫困。

><

这个简单的幸福方程式告诉我们，无论是个人、组织还是国家，都不能超支。当然，在捉襟见肘时我们偶尔也会借钱，但不能超出我们预计的偿还能力。

当政府向某个项目投入资金，比如投入1 000万英镑用于购买保障性住房时，由于乘数效应，我们国家的国内生产总值（GDP）的最终增长幅度很可能超过1 000万英镑。需要注意的是，GDP是衡量一个国家在一段时间内经济规模和经济健康状况的指标，通常以一个国家生产的商品和服务的总价值来计算。经济学中的乘数主要有两种类型：货币乘数和财政乘数。（专业经济学家先别忙给我写信、指责我过于简单化，我承认我所介绍的仅仅是一些基础知识，目的是让大家对这方面的情况有个基本了解。）

货币乘数与部分准备金银行制度有关。该制度规定，银行在接受存款、发放贷款或进行投资时，它们持有的准备金可以少于存款类负债。因此，如果大型零售银行的所有客户都希望把自己的存款取回，那么他们是不可能如愿以偿的（2008年，英国北岩银行出现了人们排长队取钱的可怕景象，也是因为这个原因）。

货币乘数的关键公式是$m = 1/R$，其中R是存款准备金率。如果准备金率为10%（也就是说银行持有的准备金占所有存款的10%），那么$R = 10\% = 1/10 = 0.1$。所以根据公式，

$m = 1/0.1 = 10$。

简单地说，如果一家银行有1亿英镑的存款，准备金率为10%，那么理论上它可以发放10亿英镑的贷款。如果我们把准备金率降低到5%（0.05），那么货币乘数就是$1/0.05 = 20$。这样的话，1亿英镑存款就可能产生20亿英镑的贷款。准备金率越低，经济创造货币的能力就越大。

第二种乘数是财政乘数。这里所说的"财政"，指的是通过税收和支出来影响经济的政府收入。假设税率不变，如果英国政府增加1亿英镑的支出，而英国的GDP增加1.5亿英镑，那就意味着支出乘数为1.5（1.5亿英镑/ 1亿英镑）。导致财政乘数的原因是，如果政府投资1亿英镑新建一座医院，那么医院的建设以及开展工作都需要雇用员工。因此增加的个人收入将被用于购物，这又增加了商店的需求。商店需要雇用更多的员工，还需要供应商增加供货量。因此，这些供应商又要雇用更多的员工。就这样，经济需求不断增加，收入和支出形成循环流动。

*

了解经济中的乘数可以让我们个人有机会理解央行利率变动或政府支出背后的道理。但投资银行家和对冲基金经理的阴谋诡计为什么能影响到我们呢？

十五六岁时，我发现当一名宇航员或许是一个不切实际的职业抱负，于是我希望从事一些与数字打交道的工作，例如在金融市场供职。我先是在牛津大学的玛格丽特夫人学堂攻读数学学位，后来转到伦敦大学的皇家霍洛威学院攻读数学与经济学学位。

在上大学之前，我曾在毕马威会计师事务所度过了一个间隔年，真正让我决定在银行业开始早期职业生涯的是2006年夏天的实习经历。我加入的雷曼兄弟是一家有着150年历史和远大抱负的美国投资银行，熠熠生辉的银行大厦就坐落在伦敦金丝雀码头。从我在东汉姆住处的前门到我在交易大厅的座位，整个行程只需25分钟。

银行业的实习就是一个为期10周的"选美"活动，留给我们的睡眠时间非常少。来自欧洲、美国和更远的大学的头脑敏锐的年轻金融精英们齐聚于此，所有人都使尽浑身解数，希望给人留下足够深刻的印象，以便毕业后可以脱颖而出，获得那份难以获得又收入丰厚的工作。我从事了两项分别为期5周的工作，一项是股票（事件驱动交易和套利交易），另一项是固定收益产品——综合性CDO。

当时，我并不十分确定CDO是什么，或许现在我也不是很确定，但我知道CDO是"债务抵押债券"（collateralised debt obligation）的首字母缩略词，它可能是造成2008年全球金融危机的原因之一。所谓CDO就是一个承诺，承诺把来自按揭还款（在某一个阶段是次级抵押贷款）或股票股息等收入来源的部分现金流支付给投资者。2015年上映的电影《大空头》是根据迈克尔·刘易斯2010年出版的同名小说改编的，它描述了创造信用违约互换市场的一些关键参与者试图做空CDO泡沫的行为。在其鼎盛时期，甚至出现了由其他CDO支持的双层CDO！随着时间的推移，我们甚至可能见到三层CDO！有一段时间，我所在的雷曼团队把CDO卖给了梵蒂冈城，我还记得我亲眼看到梵蒂冈写信给雷曼公司，感谢他们提供这个投资机会……

一年后，我正式加入该公司，从欧洲股票市场交易员做起。我觉得自己简直就置身于一个真实的电脑游戏之中：被好几台闪烁的显示器包围，双手各拿着一个电话，在交易大厅里大声喊叫，以确保交易不出问题。（我的弟弟现在也是一名交易员，他告诉我，由于技术和算法交易的进步，交易大厅现在要安静得多，人们也更理智了。）

我的团队有两种赚钱方式，一种是通过促成客户交易而获取佣金，另一种是通过自己在市场上押注获得自营收入。我们有一个非常简单的准则：低进高出，或者是高出低进（后者被称为卖空，人们有时用"秃鹫"来形容这种从经营不善的公司身上获利的行为）。归根结底，所有的交易都是如此。你可以借助复杂的数学模型来理解你所在的市场，但在本质上，你都是希望以尽可能低的价格购买资产，以尽可能高的价格卖出资产。对于更为复杂的金融产品来说，尤其是在固定收益领域，这几乎就像一个击鼓传花游戏。只要音乐停止时花不在你的手中，你就万事大吉。

但2008年9月15日，当雷曼兄弟银行根据破产法申请破产保护时，金融市场的音乐确实停止了。一些分析师将雷曼兄弟的倒闭归咎于其卷入了次贷危机，并受到了非流动性资产的影响。这导致了一系列不幸的事件，包括客户大量流失、股价狂跌、公司的资产被外部信用评级机构严重贬低，等等。最终，该银行再也没有办法与交易对手进行合法交易了。

跟我一起进入这家公司的那班人原本指望着找到一条稳妥的致富之路，但现在不得不重新考虑自己的人生规划了。有几个人进入了会计或保险等领域，也算是留在了金融界；另一些人则彻底转换了门庭，一个进入了时尚界，还有几个人则建立了自己的企业。我们当中的尼古拉·斯托龙斯基创办了自己的数字银行——Revolut，现在即将成为一名白手起家的亿万富翁！

雷曼兄弟倒闭后，我在日本的野村证券工作了一段时间。虽然在那里工作的时间不长，但我了解到日本有一个古老的历史传统：银行的低级员工常常坐在离门最近的位置上。这是源于江户时代的一个历史巧合。在当时的日本，下属要坐在离门近的位置，以防止有武士袭击他们的老板。最终，我在普华永道获得了特许会计师的资格，主要工作是审计大型上市蓝筹股公司的账目。有一段时间，我还承担了评估银行在繁荣时期积累的不良资产价值的工作。

史蒂芬·霍金在谈到他的《时间简史》时曾经说过："有人告诉我，我在书中每列出一个方程式，书的销量就会减半。因此，我决定不写任何方程式。"我很赞同他的观点，并提前为本书在商业上可能犯下的可怕错误向我的出版商致歉。

但是，有一个数学方程式不能不提。它因为助长了市场的繁荣和过度自信而受到了相当多的批评。这就是布莱克-斯科尔斯方程。人们认为这个方程及其派生方程是引爆金融世界的罪魁祸首。

$$\frac{\partial V}{\partial t} + \frac{1}{2}\sigma^2 S^2 \frac{\partial^2 V}{\partial S^2} + rS\frac{\partial V}{\partial S} - rV = 0$$

好吧，我同意这个方程看起来确实令人讨厌，简直就是噩梦！但更重要的是，我们必须理解它的目的是什么。

虽然这个方程在20世纪70年代初才被提出来，但它的模型可以追溯到17世纪的日本。在堂岛大米交易所，人们通过期货合约交易大米。期货是一种金融衍生品，这类词汇对非金融行业的人来说是很难理解的。金融衍生品的价格是由另一种资产的价格衍生而来的。最基本的期货合约表明你同意在特定时间之后，以现在商定的价格购买特定数量的某种资产（在堂岛交易所交易的就是大米）。

在1983年美国喜剧电影《颠倒乾坤》的惊心动魄的大结局中，艾迪·墨菲饰演的角色通过出售冷冻浓缩橙汁期货合约赚取了巨额利润。假设你是一家大型橙汁生产商的老板：如果你未来可以通过固定的期货价格买到橙子，你就会很放心；你也可以通过期权获得期货价格，期权赋予你在约定日期以约定价格买卖该种资产（冷冻橙汁）的权利——重要的是你不用承担任何义务。你需要考虑的问题是，你应该为这些橙汁期权支付多少钱？它们值多少钱？这时候，就该布莱克-斯科尔斯方程发挥它的作用了。

迈伦·斯科尔斯说："它试图解决的问题是界定以特定价格、在特定时间之内或结束时购买特定资产的权利（不是义务）的价值。"费希尔·布莱克和迈伦·斯科尔斯引入了一个为金融市场期权定价的模型。但第一个发表论文，对这个模型进行数学分析的是罗伯特·默顿（Robert Merton）。奇怪的是，给这个模型起名为"布莱克–斯科尔斯期权定价模型"的人也是默顿。

这个看起来如同天书的方程用数学语言描述了金融衍生品价格随时间的变化。所有衍生品市场都受到这个公式的影响。要理解这个方程，我们需要了解什么是欧式看涨期权（"欧式"这个词实际上与地理位置没有任何关系）。教科书上对此的回答是"在预定日期以预先确定的价格购买某种资产的权利，而不是义务"。

我们以1股脸谱网股票的欧式看涨期权为例，它的履约价为200美元，到期日为1年之后的今天。因此，如果我掏钱签订这份合同，那么一年以后我将拥有以200美元的价格购买扎克伯格公司的1股股票的权利，而不是义务。我是否决定行使这项权利，取决于一年后脸谱网的股价。

如果它的股价高于200美元，比如说210美元，我就会根据合约以200美元的价格买入，然后立即以210美元的价格卖出，稳稳地赚到10美元的利润。如果股价低于200美元，比如说190美元，那么这份保证我可以按照200美元的价格买入股票的合同就毫无价值，因为市场价更便宜。

由于期权具有灵活性，因此它们在投资者眼中是有价值的。问题是，它们有多大价值呢？随着期权的行使期限越来越短，其价值又会发生怎样的变化呢？布莱克–斯科尔斯方程就是从这个方面来帮助我们评估期权价值的。此外，它还考虑到了利率的影响，解释了为什么今天的钱比明天的钱更值钱。

解这个方程可以得到期权价格的值。但问题是，我们无法就一年后脸谱网的股价达成一致意见。因此，这个公式并不能解决一切问题，公式背后的思想才是关键。布莱克、斯科尔斯和默顿并没有声称自己知道明年的股价会是多少（但我能预测2022年世界杯决赛的赢家，因为英格兰队永远是我乐观的首选！），有趣的是他们做了一个假设。他们认为，股票价格的涨跌就像尘埃粒子围绕原子的运动一样，具有不可预测性。

如果股票价格的变动是随机的，我们就可以用一些模拟随机运动的数学方法来为它们建模。布莱克-斯科尔斯模型利用的是股票的波动性，即股票在特定时期的波动程度。该模型假定交易量大的资产的价格遵循几何布朗运动。股票大幅上涨或下跌的可能性越大，它的期权价格就会更高。（值得一提的是，爱因斯坦于1905年发表的关于布朗运动的论文是他早期对科学做出的重大贡献之一。在这篇论文中，他用单个水分子导致水中悬浮的花粉颗粒运动的例子解释了布朗运动。）

这些衍生品本身变成了交易资产，但它们与实际资产的所有权是分开的。在交易大米或橙子的衍生品时，你不一定对大米或橙子的所有权感兴趣。目前，全球衍生品市场规模估计为1 200万亿美元（即1 200 000 000 000 000美元）。一些分析人士认为，这相当于全球GDP总量的10倍。

我们可以将全球尚未完全摆脱的金融危机归咎于布莱克-斯科尔斯方程及类似模型吗？答案既是肯定的，也是否定的。金融界确实过度依赖模型来帮助理解和为市场定价。但与此同时，另一个因素是人们的贪婪。如果人们嗅到利润的气息，他们也可以使用模型来千方百计地证明自己的决定是对的。在担任初级交易员时，有人告诉我："先做决定是买进还是卖出，然后执行这个决定，最后再编造一个理由来解释你的决定。能忙着，就别闲着！"

正是这种马马虎虎的态度导致了2008年的全球金融危机。全世界都在观看雷曼兄弟的员工用纸箱装着个人物品离开公司的画面和视频。我让弟弟带一辆购物车给我，以免我搬东西回家时闪了腰。

数学是我们了解世界的工具。金融界可以利用数字欺骗消费者，但与此同时，如果我们理解了基本概念，就能做出更好的判断。我总是建议我的学生：让数字成为你的朋友，你就有一半的机会驾驭这个复杂的金融世界。我们不需要理解复杂金融数学的内部机制，但如果能够理解它对经济世界的影响，就肯定是有好处的，因为我们每个人都生活在经济社会之中。

趣味问答

魔术师马蒂预测股票市场的秘密方法

魔术师马蒂发明了一种新的秘密方法，可以计算出哪只股票会在伦敦证券交易所的金融市场上突然蹿红。他知道，在未来10天里，虚拟现实体育公司的股价每天都会翻一番，然后股价将无限期持平。

起初你对此表示怀疑，但经过7个交易日，虚拟现实体育公司的股价确实连续7天每天都上涨了一倍。此时，你去银行贷款1万英镑投资这只股票。

马蒂预测的10天期结束后，你能赚多少钱？

12

好得让人难以置信？

巧妙骗局背后的数字

和许多人一样，我也曾收到一封意想不到的电子邮件，说我是一笔1亿美元财富的继承人，但我无法得到它，因为我的伯祖父在把所有权签字移交给我之前就不幸去世了。这太遗憾了。但好消息是，我只需寄1万美元，一位国际律师就可以帮我解锁这笔财产。

　　这件事发生在2001年的暑假，当时我正在准备高级证书考试①。我想："为什么不找点儿乐子呢？"于是，我回复了这封邮件，不过我使用的是一个新的Hotmail账户。那天上午，"阿尔弗雷德·塔克"就这样诞生了。（对真正的阿尔弗雷德·塔克说声抱歉——为了想个名字，我在房间里四处寻找灵感，结果找到了20世纪60年代的一本灰蒙蒙的紫褐色的书，作者名叫阿尔弗雷德·塔克，于是我就借用了他的名字。）我决定编造一个叫作"蓝色早晨水晶信徒"（BMCB）的集团，而"阿尔弗雷德·塔克"是该集团的一个高层人物。

① 英国中学的单科考试，通常在毕业年级进行。——编者注

然后，我和声称我即将收到1亿美元的那个人通过电子邮件进行了交流。整个夏天，我设置了一系列的难题，让我的这位"朋友"证明他对BMCB的忠诚，然后我们才会把那1万美元转给他。故事的高潮是我要求这位朋友给自己涂上蓝色颜料，穿上白色裤子，戴上白色帽子，然后拍一张照片寄给我们。他照做了，却不知道他等于是为真人版的蓝精灵完成了一次试镜。到了这时候，他开始有点儿泄气了。等到他意识到他的行骗企图已经被我察觉之后，就再也没有给我发过电子邮件了。

我为什么要告诉你这个故事呢？我认为，基本数学能力的一方面就是可以看懂新闻头条蕴藏的含义，自己验证那些数字，然后询问这些数字是否说得通。对于一个十几岁的孩子来说，有1亿美元的财产在等着他，这似乎是一个令人兴奋的好消息。如今，我也变得多疑了，还常常下意识地遵循这样一句箴言："如果它好得让人难以置信，那么它可能真的不可信。"数学为我们提供了工具和策略，使我们能够研究数据和信息，对其有效性做出明智的判断。

2015年秋天，我参加了最小的弟弟的毕业典礼。牛津大学圣彼得学院院长马克·达马泽做了毕业演讲。达马泽之前是BBC 4台的主任。他就刚刚走出大学校园的应届毕业生如何迈向更广阔的世界这个话题，分享了他的真知灼见。演讲中的一句话至今令我记忆犹新:尽管毕业生通常可以在学校里学到许多技术要点,但他们进入外部世界所需要的是这样一条指导准则——"怀疑是一种美德,而愤世嫉俗造就的是寄生虫"。我发现这句话意义深远,于是我让7年级的学生们把这句话写在他们的年级手册封面上,然后我和他们一起深入分析了这句话的含义。

对于受过教育的人来说,带着一点儿怀疑的态度去看待我们周围的事物是有益的,因为我们应该勇于质疑已被认可的观点,而不是随波逐流。这样做可以让我们质疑假设,看看它们是否有道理。然而,愤世嫉俗会让我们怀疑所有人的动机,有可能遁入与世隔绝的境地。数学可以为我们提供一个智力工具箱,我们可以从中找到合适的工具和方法,深入研究我们直接接触到的事实。

作为普华永道的审计人员,帮助客户检查财务报表是我的职责。大型会计师事务所一旦在公司年度会计报表上签名,就表示他们认为这些报表真实公正地反映了该公司的状况。这并不意味着这些账目毫无瑕疵或者没有错误,而是说这些账面没有重大错报(指财务报表中的不真实信息,可能会影响到根据该报表做出财务决策的人),忠实地反映了公司的财务业绩和财务状况。作为一名初级审计员,我在检查客户账目时的职责之一就是查看是否有什么看起来不对劲的地方。绝大多数的问题都可以找出一个非常合理的解释，但在极少数情况下，账目背后可能还隐藏着更糟糕的问题。这时候，我们就有可能要用到数学了。

说到罪犯留下的证据，我们想到的通常是指纹或头发这样的实体线索（尽管你弟弟声称最后一块饼干不是他吃的，但他脚旁边的饼干屑就可以证明他说的不是事实）。然而，一些例子表明，在查看企业账目或者实验室研究成果时，只要骗子用到了数字，就有可能露出马脚。在这里，我们要提到一个违反直觉的定律，所有人在第一次遇到这个定律时都会大吃一惊。

随便找一份报纸，我们都能在里面看到大量的数字，比如"体育场的座位数增加到62 000""庆祝50周年""削减5.8%""12岁儿童""里面有3个小技巧"。乍一看，所有这些数字似乎完全不相关，但它们之间真的没有任何关系吗？在你的心目中，首位数是2、5或7的数字占多大比例？

你可能认为这些数字的首位数是随机且均匀分布的，换句话说，你看到首位数是1的数字与首位数是9的数字的概率是相等的。但是，如果把一本杂志、一份报纸或一个网站中包含的所有数字集中到一起，就会发现下面这个模式：

首位数	首位是这个数字的概率
1	30.1%
2	17.6%
3	12.5%
4	9.7%
5	7.9%
6	6.7%
7	5.8%
8	5.1%
9	4.6%

报纸上的数字以及类似的随机事物为什么会呈现某种模式呢？这些数字真的是随机的吗？事实上，这种奇怪分布是由本福德定律决定的。

弗兰克·本福德是20世纪30年代工业巨头通用电气公司的一名物理研究员，他推广了本福德定律。但是，第一个发现这条定律的是加拿大裔美国数学家西蒙·纽科姆。纽科姆发现有一本对数表很奇怪，因为这本书前几页的破旧程度比剩余部分更加严重。这个现象表明首位是1的数字的查询频率比首位是2到9的数字的查询频率高。根据纽科姆的初步观察，本福德花了数年时间收集数据，最终证明这种模式在自然界是普遍存在的。1938年，他公布了自己的研究结果，其中引用了20 000多个数值，包括原子量、股票价格、河流长度、杂志文章中的数字和棒球统计数据等。

本福德定律现在是会计界用来发现欺诈行为的工具之一。20世纪90年代初，达拉斯的会计学教授马克·尼格里尼博士要求他的学生利用他们所知道的企业账目来检验本福德定律。一名学生测试了他姐夫的五金店的财务账簿。他发现，有93%的数字的首位数是1，而预期的比例是30%。那位学生在不经意间发现了一个欺骗行为！

我们还看到过本福德定律被应用于其他领域的例子。2006年，梅班（Mebane）在研究总统选举的选票时，测试了公布选票数的第二位数是否符合本福德定律预测的频率。2007年，迪克曼（Dieckmann）运用这一定律检测了伪造的科学数据。因此，聪明的骗子必须考虑本福德定律，尽量让捏造的数据符合这种分布（但是，这是一种不道德的行为！）。

那么本福德定律背后的数学原理是什么呢？我们知道存在这样一个精确的数学关系：首位数是 n 的期望比例是 $\log_{10}[(n+1)/n]$。借助任何一台计算器，都可以检查前面表格中的结果是否正确。当 $n = 1$ 时，也就是首位数是1时，我们把1代入 n，就会得到 $\log(1+1)/1 = \log(2/1) = \log 2 = 0.301$，即30.1%。然后，我们可以尝试 $n = 2$ 的情况，$\log[(2 + 1)/2] = \log(3/2) = \log 1.5 = 0.176 = 17.6\%$。

这条定律为什么能成立呢？假设一家小公司有100名员工。要让公司的员工变成200名，使员工总数的首位数变成2，那么公司的规模必须扩大一倍，也就是说公司规模要增加100%。但是，一旦公司有了200名员工，要让首位数发生变化，就意味着员工总数必须达到300人，只需在200名的基础上增加50%。这比第一次的100%要容易一些。一旦公司员工达到1 000人，同样的模式将继续出现：达到2 000名员工要增长100%，但达到3 000名员工只需增长50%。随后，要达到4 000名员工只需要增长33%。因此，公司规模往往是小几百人、小几千人或者小几百万人。这个数学解释不是很完美，但可以让你明白为什么首位数是1的情况更常见。

那么，本福德定律能成为解决世界上所有问题的灵丹妙药吗？它能给我们带来和谐、和平的全球新秩序吗？应该建立一个新的宗教来祝福本福德吗？遗憾的是，答案是否定的。一些人认为，数据经常会因为完全没有恶意的原因（如前所述）而偏离本福德定律。只要数字样本足够大，而且数字没有受到某些规则的约束，本福德定律似乎就有效，数据的首位数字就会遵循前面表格中描述的分布。那么，本福德定律什么时候会失效呢？举个例子，英国使用的移动电话号码就不适用，因为这些号码都是11位数，而且首位数都是0。英国女性的身高同样不适用，因为她们的身高大多在140~180厘米。

不过，在承认这些缺陷之后，尼格里尼博士说："可以预见这个定律会有很多用途，但对我来说，定律本身就很吸引人。在我眼中，本福德是一个伟大的英雄。他的定律不是魔法，但有时似乎又具有某种魔力。"不管使用什么计量单位，该定律都是正确的。本福德定律得到了近乎狂热的追捧，并被一些人认为是宇宙的一个基本属性。

2008年，英国魔术师达伦·布朗声称他找到了一种"保证可以奏效"的赌马方法。布朗一次又一次地成功预测了获胜的马匹，而一位来自伦敦的名叫哈迪莎的单身母亲每次都听从了他的建议，因此每次都成为赢家。激动人心的系列投注的最后一场（出现在英国第四频道《赛马预测系统》纪录片中）即将开始，公众迫切希望知道这位单身母亲是否会把毕生积蓄押到最后一注上。

答案是肯定的！但显而易见，我并不是说达伦·布朗可以预测未来。在这部纪录片中，布朗解释了他是如何做到的。威斯康星大学数学教授乔丹·艾伦伯格表示，布朗此举

"为英国数学教育做出的贡献，可能比10多个严肃的BBC专题节目还要多"。

到底发生了什么？在这个节目的广告中，布朗解释说："有了赛马预测系统，我们可以随机选择一个人，每次赛马前都告诉他哪匹马会赢，而且所有预测百分之百正确。"

接下来，我们深入研究整个过程。我们跟随这位单身母亲哈迪莎一起，完成她的这次赛马历程。刚开始时，她收到一条短信，告诉她在某个赛马会上某一匹马将取得胜利。结果，这匹马真的赢了。她不知道这条短信是谁发来的，但发信人要求她在随后收到类似赛马信息时，将整个过程拍摄下来。从那以后，哈迪莎每次都押中了获胜的那匹马。在连续5轮比赛中，她全部押中，而且赌注在逐次增加。她平生第一次来到了赛马现场，这次有一个摄制组在现场拍摄这次比赛。在接近终点时，她押的那匹马远远落后于第一名，但令人惊讶的是，在过最后一道障碍时，处于前两名的两位骑手竟然落马了——于是，哈迪莎再一次为取得胜利而欢呼雀跃！

直到这时候，她才见到了那位与"神婆"梅格神似的天才、"赛马预测系统"发明者——达伦·布朗。在第七轮也是最后一轮比赛中，哈迪莎借了4 000英镑下注。她明确地告诉观众，这次下注已经超出了她的财力。而布朗随后揭示，这个系统并不像人们看到的那样神奇。

哈迪莎也不像她原先以为的那样特别。布朗实际上一共选择了7 776（$6×6×6×6×6 = 6^5$）个人，但哈迪莎是唯一赢得所有比赛的那个人。在第一轮比赛中，系统为他们分别选择了6匹马中的1匹。第一轮过后，原先的那些人中只有1/6，即1 296（6^4）人的马获胜了。以此类推，直到四轮比赛之后，保持不败的只剩下6个人，随机分配给他们的马都获胜了。

以下是每一轮比赛开始时仍未淘汰的人数：

第1场：7 776

第2场：1 296

第3场：216

第4场：36

第5场：6

最后一轮，摄像机拍摄了他们根据系统完成投注的过程。当然，他们中有5人成了输家，只剩下1名赢家。

在镜头前，哈迪莎在一匹马身上押了4 000英镑。当然，她获胜的概率只有1/6。最终，她的马没有赢，这让哈迪莎伤心欲绝，但布朗随后透露，他自己押了那匹获胜的马，并因此赢得了1.3万英镑，但他事先没有告诉哈迪莎。在现实中，他会在比赛中的每匹马身上下注，以确保会出现这样的结果。（大家不用写信给达伦·布朗，也不用因为其他7 775名参与者遭受经济损失所引发的道德问题表示担忧，因为我们获悉所有参与者的所有付出都将被退还。）

布朗将他的系统比作顺势疗法。他解释说，有的人觉得这种疗法似乎有效（安慰剂效应被认为是其中一个原因），但很多人都觉得可能没什么效果。哈迪莎坚持认为系统对她产生了积极的效果，但临床试验（在这个案例中，也就是另外7 775名参与者完成的试验）没有产生这样的效果。这个纪录片似乎真的引起了公众的兴趣，让他们开始思考我们有时在媒体上听到的那些骇人听闻的事件背后的可能性。这纯粹是一个视角问题。

我在网络版《每日邮报》上看到了人们对布朗的另一个预测彩票号码节目做出的评论，觉得这些评论也有助于我们深入了解视角的问题。来自美国塞勒姆市的读者阿利斯泰尔说，他并不觉得布朗的预测有多神奇，因为他"成功地预测了哪些彩票号码不会中奖"，而且他"多年来每周都两次"完成这样的预测。阿利斯泰尔的预测取得了成功，但是他在彩票上大赚一笔的目的并没有实现。

在电视节目中发生在哈迪莎身上的事情，以前也曾被金融行业加以利用——至少有人杜撰过这样的报道。有这样一个都市传奇故事：一位股票经纪人连续 10 周每周发出一封信，预测某只股票在那一周是涨是跌，每次都能做出完美的预测。你会相信这个股票经纪人吗？

我们人类往往只会根据自己的所见所闻推断事情的结果，而不一定能考虑到更全面的情况。那位股票经纪人一共发出了 10 240 封信，其中 5 120 封说那只股票会涨，另外 5 120 封说会跌。如果假设某只股票在某一周上涨或下跌的概率各是 50%，那么一半的收信人很快会不再对他感兴趣。

就像哈迪莎的那个例子一样，我们也可以追踪股票经纪人每周发出的信件取得了多大的成功。每周开始时，仍然感兴趣的人数为：

第 1 周：10 240

第 2 周：5 120

第 3 周：2 560

第 4 周：1 280

第 5 周：640

第 6 周：320

第 7 周：160

第 8 周：80

第 9 周：40

第10周：20

第11周：10

　　我们可以看出，在第11周开始的时候，有10人将分别收到正确的预测。他们会认为这个股票经纪人有一本来自未来的年鉴，就像电影《回到未来2》中的《格雷斯体育年鉴（1950—2000）》一样（电影中毕夫把这本年鉴送给了年轻的自己，里面有未来50年里所有重大体育赛事的结果）。当然，我们现在很清楚这种骗局的本质，知道这位股票经纪人根本没有占卜者的那种预测未来的能力。可以说，这种骗局适用于任何结果有限的情况，比如赌球队是赢、输还是平局的足球赌注。

　　在金融行业的许多投资计划中，你都能看到这样的附属细则："过去的业绩并不代表未来的业绩。"我们不能仅仅因为一只基金连续10年获得成功，就确定明年它会继续跑赢大盘。当然，出现这种情况也是有可能的，但是在看到头条资讯的时候，你需要考虑得更深远一些。数学可以为你提供一个工具，让你静下心来好好思考：这样做有道理吗？它不能把所有答案都告诉你，但只要它能让你停下哪怕一秒钟，让你尽可能地了解当时的状况，然后再去做决定，它就是一种有益的力量。

趣味问答

如果你骗人，就抓我：
10 位明星主持的电视游戏真人秀

电视台即将推出一个全新的、不同寻常的电视游戏真人秀，名为"如果你骗人，就抓我"。参赛选手要想方设法骗取主持人的信任。

主持人可以问每名参赛者一个问题，以确定他们说的是否属实。喜剧救济基金会的这个特别节目组织了 10 位明星担任主持人，他们是：杰里米·帕克斯曼、杰里米·瓦因、桑迪·托克斯维格、布拉德利·沃尔什、肖恩·华莱士、理查德·阿约德、尼克·休厄尔、蕾切尔·赖利、理查德·奥斯曼和亚历山大·阿姆斯特朗。

提问：这 10 位明星主持人问问题的次序一共有多少种？

13

庄家永远是赢家

赌博背后的数学

2014年12月，6名西装革履的亚裔英国人出现在拉斯维加斯凯撒宫酒店金碧辉煌、绚丽夺目的赌场里。我们每人带了一张100美元钞票，准备与强大的赌场一决高下。我们当中有专业的金融市场交易员、税务专家、咨询师和数学老师。整个团队对数字有着敏锐的感觉，考虑周详又敢于冒险，分析研究时能做到细致缜密。我们组建这样一支精锐的队伍，目的就是要大赚一笔。想知道我们有没有成功吗？

我也希望告诉你我们赢了几十万美元，在希思罗机场受到了英雄式的欢迎，而我现在正坐在加勒比海一个私人岛屿的金色海滩上，一边啜饮着我最喜欢的冰镇姜啤，一边从事写作。但现实没有这么美好。我们一行6人中有4个人输光了赌本（包括我），只有2个人赚了一点儿小钱。我们输给了庄家。

但是，这个结果并没有让我们特别失望。看过系列喜剧电影《宿醉》的人一定还记得住在凯撒宫的影片主角们。在第一部电影中，艾伦在玩21点时通过算牌赢了82 400美元。

我们接着说现实中发生的事。前面说的6个西装革履的人，其实是我和我的堂兄弟们。我们都认为每人花100美元买个乐子是可以接受的，这就好比我们一起看了场足球赛。因此，在赌场遭受这点儿损失，并不算什么。

东汉姆大街曾经上过《明日世界》，这是BBC报道科学技术新发展的电视系列节目。20世纪90年代中期，电视节目《倒计时》的前主持人卡罗尔·沃尔德曼来到那里，看到大街上安装的降低车速用的可以自动升降的街头护桩。英国还是第一次出现这种装置，因此她非常好奇。到了2018年，这条商业街上出现了很多博彩公司，让赌徒们在各种各样的游戏中碰碰运气。这里的博彩公司可能比任何其他类型的商店都多。

赌博是门大生意。根据英国博彩委员会的最新数据，截至2017年3月，英国博彩业的总规模为138亿英镑。人们通常通过常规投注、宾戈游戏、赌场、彩票和扑克进行赌博，但互联网的出现改变了这种状况。在英国，有200多万的成年人要么是问题赌徒，要么有赌博上瘾的风险。一些报道称，英国有2 400万个活跃的博彩账户，考虑到英国总人口只有6 600万，这个数字的确令人震惊。

像大多数活动一样，赌博在适度的情况下可以被视为一种有趣的休闲活动，但过度和失控时就会对精神健康和财产构成严重威胁。那么，赌博为什么有吸引力呢？在广告时段，随便看看任何一家商业电视广播公司的节目，都能看到大量的赌博相关广告。这些广告要么用最新的足球比赛赔率诱惑你，要么介绍你注册成某个在线赌场的用户，目的都是让你赌上一把。

赌博形式多样，涉及数学、经济学、人类心理学、科学等多个领域。研究人员发现，赌博还是一个有助于通过实验来研究随机事件的研究领域。

作为一名热爱各类运动的体育爱好者和数学从业人员，赌博对我来说一直极具吸引力。现在，我主要是一名旁观者、一个纸上谈兵的专家，针对胜败概率的合理性高谈阔论。但在我20岁出头、先后供职于美国投行雷曼兄弟和日本投行野村证券的那段时间里，我们接受的一项几乎必不可少的训练就是找出合适的投资机会，以展示自己的天赋和活力。

作为一名金融市场交易员，我要做的就是精心策划投资决策。一个未经训练的局外人可能会认为这与赌博比较相似。在做投资决策，特别是短期投资决策（这里的短期，有可能短至几分钟甚至几秒钟）时，我会对各种资产（通常是上市公司的股票）建立投机性头寸。

作为一名交易员或投资者，要想在市场中叱咤风云，通常只有三条路可走：要么找到定价不当的投资，要么掌握一些投资定价没有反映出来的信息，要么靠运气。而在博彩中，你也只有三条路可走：要么善于发现过于慷慨的赔率，要么掌握一些赔率没有反映出来的信息，要么靠运气。从这个角度看，两者似乎非常相似，但千万不能受到这种表象的愚弄。不管看起来多么相似，赌博和投资并不是一回事。

如果你持有一个由股票和其他资产组成的多样化投资组合，就几乎不用担心你会在较短时间（比如说一天）里赔个精光——除非你恰好在雷曼兄弟破产的当天买了他们的股票。尽管市场萧条会让你损失惨重，但通常而言你不会变得一无所有。而对我们大多数人来说，赌博就不是这样的。只要赌博，我们最终都是输家。

作为一名职业赌徒和《唯有联结》节目的主持人，维多利亚·科伦·米切尔（Victoria Coren Mitchell）曾多次指出："赌场第一条规则：庄家永远是赢家。"在短时间内，我们中的一些人有可能打败庄家（赌场），但从长远看，只有少数幸运儿或特别厉害的人才能笑到最后。

赌博是指在一个或一系列结果不确定的事件上押注某种价值（赌注通常是钱）的行为。赌博的主要目的是以正当的方式赢得赌局，以获取奖励（通常是金钱，有时是物品）。所以，仔细分析的话，赌博需要三个独立的组成部分：对价（合约中提供并被接受的价值）、机会（概率）、以及奖励（你可以拿走的战利品）。数学可以帮助我们深入了解应在多大程度上斟酌投注金额、相关概率动态以及预期回报。

那么体育博彩到底是如何运行的呢？作为一名足球迷，我经常在电视上听到这样的话："西汉姆联击败曼联的赔率是4/1"，或者"冰岛在欧洲杯上击败英格兰的赔率是诱人的8/1"。要想了解博彩公司是如何确定有利于他们自己的赔率的，我们需要了解他们的语言。

我们先引入一些代数知识，没什么可怕的，只有两个字母，x和y。赔率为"x/y"，表示事件发生的相对概率为$y/(x + y)$。代入数字的话，就更好理解了。希望渺茫的9/1事件发生的概率是$1/(9 + 1) = 1/10 = 0.1$，即10%。

我们也可以逆向计算。已知相对概率，我们就能计算出赔率。例如，如果我们知道相对概率是25%，这就代表赔率是$(1 - 0.25)/0.25 = 0.75/0.25 = 3/1$。因此，相对概率是25%时，赔率是3/1。

周六下午3点，英国各地的球迷都会去支持他们的足球队，这已经成为一种惯例。足球就像是大众的宗教信仰。体育场就是教堂，我们球迷就是唱诗班，高声唱着我们的歌，而场上的足球运动员就是我们的宗教偶像。事实上，我在中学毕业之后、上大学之前的间隔年里挣到的第一笔薪水，就被用来购买了一张厄普顿公园老博林球场的西汉姆联队观赛季票。从那以后，只要有时间，我就尽量观看主场的比赛。

我就像是一名虔诚的教徒，行动极有规律。下午2点40分左右，我离开位于东汉姆的家，身穿一件略肥的深红色加蓝色的西汉姆联主场球衣，脖子上围着一条围巾。只要没有迟到，我就会跑到我们当地的博彩公司，掏出5英镑押西汉姆联队获胜（我可不想为对手加油！）。我几乎每周都会损失5英镑，但我能把这笔钱找补回来，因为我不会买观赛指南（省下3英镑），而且我会从家里带一个三明治，而不是去俱乐部商店买康沃尔馅饼（至少省下几英镑）。

人群发出的歌声越来越响亮，召唤着我赶快进场。我看看我的电子表，下午2点57分，得赶快找到我的座位了。幸运的是，我的座位在东看台，就是被球迷亲切地称为"小鸡快跑"的那个看台。以现代的标准来看，这个看台真的很小，因此我可以轻松地通过旋转栅门，及时坐到我的座位上，欣赏在我个人看来比赛最精彩的部分——唱队歌。球场的扩音器里传出震耳欲聋的音乐声，我们用沙哑的声音唱着队歌《我永远在吹泡泡》，欢迎队员入场。只要我的乐观精神没有磨灭，揣着5英镑下注凭条来到这里，赶上我们球队队歌的第一段，整个世界都是美好的。

这里举行的足球比赛有三种可能的结果：铁锤帮[①]主场获胜，平局，或者穿深红色和蓝色球衣的球队输掉比赛（但愿不会出现这个结果）。我们设想未来有这样一场比赛：2028年欧冠半决赛第二回合，西汉姆联将在巨大的诺坎普球场迎战巴塞罗那。

巴塞罗那主场获胜是等额赔率（1/1），平局赔率2/1，而铁锤帮一阵猛攻、出乎意料地取得胜利的赔率则为5/1。我们可以将这些赔率转化成相对概率：

巴塞罗那胜：1/1，对应的相对概率为1/2 = 50%

平局：2/1，对应的相对概率为1/3 ≈ 33.33%

西汉姆联胜：5/1，对应的相对概率为1/6 ≈ 16.67%

把所有百分比相加，就会发现总和是100%，说明这个赌局是公平的。

假设我有一家博彩公司，名字就叫博比博彩。我让三个人对赌，他们分别下注50英镑、33.33英镑和16.67英镑，彩金是100英镑。我的这个假想的赌局可以用微软电子表格

---

① "铁锤帮"是西汉姆联队的外号，因为西汉姆联队的队徽上有两个铁锤，而且"西汉姆"（Westham）中的"ham"也有铁锤之意。——编者注

（或其他电子表格）表示如下：

赛果	下注金额（英镑）	支持	反对	相对概率	彩金（英镑）
巴塞罗那胜	50.00	1	1	50.00%	100
平局	33.33	2	1	33.33%	100
西汉姆联胜	16.67	5	1	16.67%	100
总和	100.00			100.00%	

在本例中，博比博彩公司发挥的是社会功能，因为我没有从这个赌局中得到任何好处。我这三个朋友中的某一个会把他们三个人下注的100英镑全部拿走。这就是所谓的公平赌局。在这种赌局中，你几乎永远不会看到真正的庄家，除非出现了某种错误。

如果我想通过提供这些服务来获利，那么我肯定会降低赔率。这没什么不道德的，我们可以把它看作组织这场赌局的费用。如果我想让我的三个朋友保持相同的获胜概率，只要让相对概率之比保持不变（3∶2∶1）就可以了：

巴塞罗那胜：4/6，对应的相对概率是6/10 = 3/5 = 60%

平局：6/4，对应的相对概率是4/10 = 2/5 = 40%

西汉姆联胜：4/1，对应的相对概率是1/5 = 20%

在博比博彩公司现在开出的盘口中，我登记的赌注总和实际上大于100%。用博彩的行话来表示的话，这叫作"庄家利润率"，甚至是"抽头"。这些是我作为庄家期望获得的利润。

因此，在美好的理想条件下，我愿意按照上述比例，以我报出的赔率接受120英镑的下注。不管巴塞罗那对西汉姆联的比赛结果如何，我只需要支付100英镑的彩金（其中包括所有需要返还的本金）。

在不同的赛果出现时，我需要支付的彩金会有什么不同之处呢？

以4/6的赔率押注60英镑，在巴塞罗那获胜时返还100英镑。

以6/4的赔率押注40英镑，双方平局返还100英镑。

以4/1的赔率押注20英镑，在西汉姆联获胜（老实说，这个赛果不太可能）时返还100英镑。

赛果	下注金额（英镑）	支持	反对	相对概率	彩金（英镑）
巴塞罗那胜	60.00	4	6	60.00%	100
平局	40.00	6	4	40.00%	100
西汉姆胜	20.00	4	1	20.00%	100
总和	120.00			120.00%	

博比博彩收到的赌注总和是120英镑，而无论赛果如何，我支付的彩金最多只有100英镑。剩余的20英镑是我的微薄利润，占营业额的16.67%（20×100/120）。虽然这个例子非常简单，但它表明，赌局固有的利润率长远来看可以确保庄家（在本例中就是赌注登记人，同时也是赌场）盈利。

我在赌博成果最丰硕的那段时期经历丰富，有过度的自信、接连不断的好运，还使用两种下注策略：累计下注、对不同庄家开出的赔率之间的微小差异加以利用。那是在2006年夏天，我在雷曼兄弟银行找到了一份实习工作。在2005年前后的那段令人兴奋的日子里，一夜暴富的前景吸引了许多大学里最聪明的年轻人。现在的科技和创业型初创企业或许为有抱负的年轻人提供了一些最具创新性的机会，但在那个时候，年轻人的首选是投资银行和对冲基金的交易场所。我的一些交易员同事甚至选择了必发（Betfair）等体育博彩公司的交易大厅作为他们初试身手的舞台。

在此期间，我利用各种各样的体育赛事（最后一次是2006年的足球世界杯）做了一些试验。随便你说一项运动，无论是美式橄榄球、田径、篮球、拳击、板球、赛马、曲棍球、冰球、英式橄榄球还是网球——这些都是公平的运动，我几乎都可以开出一个合理而明智的赌局。我喜欢的一种特殊类型的赌注是"acca"，意思是累计下注，尽管我有过几次失败的经历。对于体育迷来说，这可能是最令人兴奋、回报率最高的赌博方式之一。本质上，它是将多个赌注组合到了一起。要想在累计下注中取得成功，每一个预测都不能出错。

我以2018年5月13日英超联赛最后一天的比赛为例，向大家展示累计下注的潜在威力。

下表是某个庄家对排名较高的球队在最后一场比赛中获胜开出的赔率。要将分数赔率转换为小数赔率，我们可以用前面介绍的方法来考虑"*a/b*"这种形式的赔率（注意，我前面使用的是*x*和*y*，这里换成了*a*和*b*，但这不会改变结果）。我们需要计算 $(a + b)/b$ 的值。伯恩利获胜的赔率是2/1，可以转换成 $(2 + 1)/1 = 3/1 = 3.00$。这意味着10英镑赌注的回报是 3.00×10 英镑 = 30英镑。显然，利润是20英镑，因为有10英镑是你最初的本金。

比赛	分数赔率	小数赔率	10 英镑本金的回报
伯恩利—伯恩茅斯	2/1	3.00	30.00
水晶宫—西布朗	4/5	1.80	18.00
哈德斯菲尔德—阿森纳	1/2	1.50	15.00
利物浦—布莱顿	1/4	1.25	12.50

（续表）

比赛	分数赔率	小数赔率	10 英镑 本金的回报
曼联—沃特福德	1/2	1.50	15.00
纽卡斯尔—切尔西	4/5	1.80	18.00
南安普顿—曼城	1/2	1.50	15.00
斯旺西城—斯托克城	1/1	2.00	20.00
托特纳姆热刺—莱斯特城	2/5	1.40	14.00
西汉姆联—埃弗顿	3/2	2.50	25.00

如果每场球我都下注 10 英镑，那么我一共要付出 100 英镑的本金。我可能得到的最高回报是所有场次的回报之和，即 182.50 英镑，因此利润是 82.50 英镑。

为了展示累计下注的威力，我们同时针对排名较高球队的所有 10 场比赛下一个单注（当然，这在现实中是不太可能的）。我们将所有的小数赔率相乘，得到总的赔率为 287.0438。再用总赔率乘我们的 10 英镑本金，就会发现可能得到的回报是高得令人吃惊的 2 870.44 英镑（四舍五入了后面的小数），利润为 2 860.44 英镑。

这个简单的例子告诉我们为什么累计下注在赌徒中享有盛名，尽管他们投注的场次可能不到 10 场。如果你有勇气，还有好到令人吃惊的运气，那么这笔小小的付出可以换回来价值不菲的奖励。另一方面，这个投注不容有丝毫差错，只要有一场预测错误就会前功尽弃。这种下注方式之所以流行，也许是因为我们相信一定会得到幸运女神的眷顾，相信我们最终会交好运。这有点儿像买彩票，门槛费很低，却有可能获得巨额回报……非理性思维就是这么乐观！

数学可以帮助我们对庄家开出的赔率做出理性判断。期望值（EV）是指赌徒一次又一次地以特定赔率下注时预期赢或输的钱。我们可以认为期望值就是输赢的平均数。

EV =（赢的概率 × 赢到的钱）–（输的概率 × 输掉的钱）

我们回到英超赛季的最后一天，无往不胜的冠军曼城对阵南安普顿。我们想押 10 英镑赌南安普顿赢，也就是说，南安普顿既不会输也不会平。某个博彩公司开出的赔率是：

曼城胜：1/2，换算成小数赔率即 1.50

南安普顿胜：5.00

平局：4.00

只要求出小数赔率的倒数，然后表示成百分比，就可以根据赔率计算出概率：

曼城胜：1/1.50 = 66.67%

南安普顿胜：1/5.00 = 20.00%

平局：1/4.00 = 25.00%

前文提到，如果用每个结果的赔率倒数算出对应概率，所有结果对应的概率总和会大于100%，多出来的这部分就是庄家利润率，但各个赛果的概率之比是保持不变的。我们让曼城胜、南安普顿胜和平局的概率比仍为66.67%∶20%∶25%，但让三个概率加起来等于100%，可以算得3个结果的概率分别为59.70%、17.91%和22.39%。把曼城获胜和双方打平的概率相加，就可以求出南安普顿不胜的概率：59.70% + 22.39% = 82.09%。但是，如果我们以南安普顿获胜的赔率下注10英镑，而南安普顿真的获胜了，那么我们可能的收益是40英镑（5×10英镑 = 50英镑，再减去10英镑本金）。

我们再来计算一次期望值：

$$EV = (0.179\,1 \times 40) - (0.820\,9 \times 10) = -1.045 \text{英镑}$$

这也就是说，按照这些赔率，我们平均会损失1.045英镑。因此，可以看出博彩公司开出的赔率对他们自己有利。

我最喜欢的一个投注策略就是在这个方面寻找突破口。

当然，如果只有一家博彩公司，你可以通过上述方法，很容易地计算出你的预期损失。但作为一名交易员，我可以搜索不同的交易所，以便找出最有利的价格。足球博彩网站有很多，我们可以很方便地比较各家博彩公司的赔率。借助微软Excel这个简便的工具，我可以从多家博彩公司中找出最佳赔率，然后创建EV算式。或许某一家博彩公司为南安普顿队获胜开出了非常诱人的赔率，但另一家公司给曼城队开出的赔率非常高（相比较而言）。

在这种情况下，无论比赛结果如何，我都肯定能小赚一笔。不过这样的机会非常少，这种情况只会在结果根本无法预料的比赛中出现，比如在2006年德国世界杯上特立尼达和多巴哥队与英格兰队的比赛。由于博彩公司无法就如何定价达成一致，因此来自加勒比地区的这支队伍的赔率参差不齐，相差较大。

数学可以让我们掌握最有利的下注方法。但赌博是一件高风险的事情，在面对人类复杂多变的心理时，客观的数学方法有时也无能为力。现在，英国电视上几乎每一个赌博广告都用大号字体或用语音提示的方式告诫大家"尽兴之后，适可而止"。这是赛尼特（Senet）集团最近提出的一条口号，该独立机构的宗旨是提高博彩业的从业标准。

为预防赌博失控，他们提出了以下建议：

1. 从一开始就要设定上限。

2. 下注时一定要量力而行。

3. 如果损失越来越大，一定要及时收手。

4. 生气时不要下注。

5. 配偶在场时绝不参与赌博。

根据我做金融市场交易员的短暂经历来看，赌徒和交易员的心态有十分相似的地方。作为一名交易员，你需要自律，获得一定利润后就要及时兑现；反之，如果损失越来越大，同样要及时收手。

试图连续不断地战胜金融市场，几乎是不可能的。因此，更明智的做法是投资追踪整体市场走势的跟踪性基金，而不是投资个股。同样，在赌博时，你面对的是庄家和赌场。你必须记住，他们的工作就是从你身上赚钱。数学可以帮助你了解特定赌注的风险，但你必须做到该收手时就收手。

就我个人而言，金额不大的赌博可能是一种吸引人的活动。你可以在赌场里下注10英镑，赌轮盘赌的小球会落在某个红色区域。在去看足球比赛之前，你也可以抱着增加看球乐趣的心理，到当地的博彩公司去赌一小笔钱。诚然，有时你会赢，但决定胜负的是庄家、赌场和赌局推动者——从长远来看，赌局都在他们的掌控之中。你玩得开心就好。借用《饥饿游戏》系列电影中的一句台词送给大家："希望赔率永远站在你这边！"

伊曼纽尔学院的行李搬运员和概率

剑桥大学的行李搬运员里，数伊曼纽尔学院的对学生们最友好。戴维、保罗、蒙蒂、戴夫、约翰、唐娜、艾琳和丹尼尔正在准备迎接大学新生和新入学的研究生。

他们将印有字母、A4纸大小的纸板悬挂在门房的前门上，组成"WELCOME TO EMMANUEL"（欢迎来到伊曼纽尔）。"WELCOME"这个词分别印在7张纸板上，"TO"是2张纸板，"EMMANUEL"是8张。

可是，印有"EMMANUEL"的8张纸板不小心掉到了地上！假设行李搬运员们不看上面的字母，那么他们按正确顺序拾起这8张纸板并拼出"EMMANUEL"的概率是多少？

请将手指放在抢答器上

竞赛节目中的制胜策略

"嗯，我得说，你们都非常非常聪明。很高兴看到这场比赛。非常感谢你们，伊曼纽尔队，遗憾的是，你们现在得回家了。"这是令人敬佩的智力竞赛节目主持人杰里米·帕克斯曼给我们的安慰。

2017年3月27日，在BBC 2台智力竞赛节目《大学挑战赛》中，我们代表剑桥大学伊曼纽尔学院，以140比170的比分惜败剑桥沃尔森学院队。这是12年来比分最接近的半决赛。

止步于半决赛，对于我来说，真的是一次令人伤心的经历，因为我一直梦想着拿下决赛。我甚至在想以什么姿势举起奖杯（是像举着世界杯冠军奖杯那样高高举过头顶，还是像拿着毕业证书那样温文尔雅地放在身体一侧呢）。我要提醒阅读本书的所有同学：永远不要想得太远，首先要集中注意力做好手头的任务，否则你可能根本没有机会去完成你预想的那个任务！

不管怎样，许多读者第一次注意到我，还是因为我在率队参加《大学挑战赛》期间展示出了自己的特点：善于鼓励、积极向上、知识丰富。虽然我很想说我从小喜欢这个智力竞赛节目，但这是一个谎言。当然，我知道这个节目，自1962年以来，它就是英国国家电视台的中流砥柱（不过其间从1987年开始中断了7年）。不过，尽管我小时候也曾走马观花地看过这个节目，但收看时间加到一起还没有一集澳大利亚肥皂剧《邻居》的时间长。

《大学挑战赛》的许多观众可能不知道我还参加过英国的另一个智力竞赛节目《智者为王》，主持人是"刻薄女王"安妮·罗宾逊。而且我参加过不止一次，是两次。不过这两次我的表现都不是那么引人注目。可能有人不知道这个节目，因此我做一个粗略介绍。节目一开始有9名选手，每一轮都会以民主投票的方式淘汰1名选手，到最后一场只剩下2名选手对决。我在第一轮就被淘汰了，然后又被邀请回来参加"第一轮失败者"特别节目。我希望能进入决赛，但这一次在第二轮又被无情地淘汰了。作为一名数学专业人士，我想说的是，从止步第一轮到进入第二轮，我进步了100%，但仍然令人尴尬。值得庆幸的是，这一集是在前视频网站时代播出的，因此我的丢人经历没有留下视频证据！

《大学挑战赛》结束后，剑桥大学伊曼纽尔学院组建了一个复合战队，与BBC 2台智力竞赛节目《蛋头达人》（*Eggheads*）的5名专家提问者进行对垒。结果，我们以微弱优势输给了那些天才。因此，我到现在仍然在参加各种智力竞赛或游戏节目，希望可以收获总是与我失之交臂的胜利。

在英国，随便翻翻电视指南，就会发现到处都是游戏节目和智力竞赛节目：《倒计时》、《蛋头达人》、《水晶迷宫》（*The Crystal Maze*）、《智多星》（*Mastermind*）、《零分至上》（*Pointless*）、《唯有联结》（*Only Connect*）、《夺宝真人秀》（*The Chase*），等等。有些节目你会参加纯粹是为了取得胜利后的荣耀（如《智多星》)，有的节目（比如《夺宝真人秀》）参加者有可能拿到奖金，还有一些节目纯粹是体力型的，比如《角斗士》（*Gladiators*），可惜现在这个节目已经不存在了，不过如果它能再次登上电视屏幕，我还是很乐意看一看的）。

这些节目的共同点在于都需要一些策略——不管是参赛选手还是节目制作公司。参赛选手（以及非个人项目中的参赛团队）的目标通常是击败对手或尽可能获得更多的奖金。对于制作公司来说，他们面临的挑战更加艰巨，不仅要考虑节目需要发出多少奖金、如何引导参赛选手的行为，同时还要确保节目受到观众的热捧。这时候，他们就会求助于某种有趣的数学思想。

即使是在像《大学挑战赛》这样的智力竞赛节目中，你获得奖励的唯一原因也应该是知识。获胜的一定是知道的冷知识最多的那支队伍吧？通常是的，但也不总是这样。策略也会起到一定作用。个人答对一道开场问题，就可以为他/她的团队赢得10分。此外，这会为其团队争取到回答3个额外问题并获得15分的机会（每个问题值5分）。但是，如果你打断主持人抢答开场问题却没有答对，你的团队就会被扣除5分，同时将回答这个问题的权利拱手让给了没有抢答的对手。

我们可以利用基本的数学知识来模拟这种情况，但是需要定义一些参数。为了便于讨论，我们假设在主持人提出开场问题时抢答成功并回答正确的概率是60%（当然，这取决于提问专家和参赛团队的实力）。回答正确就有奖励，可以接着回答3个问题。一般情况下，优秀的团队能够答对奖励问题的1/2到2/3，所以为了简单起见，我们假设这3个问题每个答对的概率是50%。

众所周知，团队都会采取激进的抢答策略。如果他们认为自己很可能知道答案或者大概能够猜出这个问题，他们就会打断帕克斯曼。他们也知道打断主持人抢答却没有答对（答题节目爱好者们将这种情况非正式地称为"neg"）

会让他们被扣掉5分，同时还会将回答这道问题的权利拱手相让。

有的团队一致认为他们在抢答时应该更激进一些。我们做一个简单分析。假设某场比赛有20道开场问题，某个团队每次都会早早抢答，我们就可以按下列方法计算出他们的预期分数：

20道开场问题中答对12道（60%）：$(12 \times 10) + (12 \times 15$ 奖励分)的50% $= 120 + 180 \times 50\% = 120 + 90 = 210$ 分

但是，每出现一次"neg"，他们就会被扣除5分，一共被扣除 $5 \times 8 = 40$ 分。所以，他们的总分是 $210 - 40 = 170$ 分。

至于送给对手的那8道问题，他们假定对手会正确地回答所有的问题，因为对手没有抢答的压力，可以听清问题的全部内容。事实上，每一场比赛都会有1~2个问题"丢分"，也就是说，两支参赛队伍都不知道正确答案。

因此，对手会得到：

正确回答8道开场问题：$(8 \times 10) + (8 \times 15$ 奖励分)的50% $= 80 + 120 \times 50\% = 80 + 60 = 140$ 分

抢答更积极的参赛队得到170分，而消极抢答的参赛队只得到140分。我知道上面这种计算方法过于粗略，但它说明参赛策略有值得我们讨论的地方。我们可以假设开场问题和奖励问题得分率取不同的值，但得出的要点都不会变。信心满满、始终坚持积极抢答策略的参赛队，应该能够胜过抢答消极的参赛队。风险与回报的天平通常会朝抢答时更加勇敢的团队倾斜。这在很大程度上是因为开场问题不仅值10分，而且有额外的奖励。

在足球领域，"压迫性反击"（gegenpress）是一种越来越受欢迎的进攻战术，在德国教练尤尔根·克洛普的带领下，利物浦足球俱乐部在2017—2018年欧冠比赛中使用这种方法一直走到决赛，赢得了一片喝彩声。这种方法起源于20世纪70年代的荷兰国家队，是指在球队丢球后迅速反抢回来。所以，把这个方法转借到《大学挑战赛》式的智力竞赛节目中，你需要不停地抢答，即使发生几次抢答失误也不能放弃。这种智力竞赛节目界的"压迫性反击"参赛策略要求参赛队积极按下抢答器，这是一种高风险策略，但参赛队是否贯彻了积极抢答的策略，或许真的会影响比赛结果！

2018年春天，智力竞赛节目《谁想成为百万富翁》再次登上电视屏幕。这或许是英国有史以来最成功的智力竞赛节目之一（奥斯卡获奖影片《贫民窟的百万富翁》的原作就是受到了这个节目的启发）。在一次集会上，我真的像这个节目一样，用100万来诱惑我的学生们。不过，我告诉学生的不是智力竞赛节目的100万英镑奖金，而是美国克莱数学研究所于2000年为"千禧年大奖难题"设立的100万美元大奖。设立该奖的目的是解决最棘手的7个数学问题。目前，只有一个问题得到了解决。如果谁能再解决一个问题，就能获得100万美元的奖励。

但在《谁想成为百万富翁》节目中，我们也可以根据数学知识做出一些有趣的选择。1998年至2007年，该节目的第一期在英国播出，比赛采用下面这种赛制：

每道问题有4个可选答案，依次标记为A、B、C、D。参赛选手有3次求助机会。

第一种求助方式：一半机会求助法，可以剔除2个错误答案。

第二种求助方式：电话求助法，可以给最善于回答酒吧竞猜问题的朋友打30秒的电话。

第三种求助方式：现场观众求助法，询问现场观众他们会如何选择。

在奖金方面，参赛者回答5个问题之后，就会到达第一道"安全网"，收获1 000英镑的奖金。此时，他们在理论上还要回答10个问题才能得到100万英镑。到达第二道安全网的奖金是3.2万英镑。安全网是指，如果参赛者在那之后回答出错，得到的奖金不会少于安全网金额。

1 000英镑	第一道安全网
2 000英镑	
4 000英镑	
8 000英镑	
16 000英镑	
32 000英镑	第二道安全网
64 000英镑	
125 000英镑	
250 000英镑	
500 000英镑	
1 000 000英镑	

眼尖的读者会注意到，在6.4万英镑之后，奖金并没有每次都翻倍。如果依次翻倍，随后的奖金额就应该是12.8万英镑、25.6万英镑、51.2万英镑，最后是102.4万英镑。这些都是2的幂，我们也可以像数学专业人士那样，把它们写成

2的n次方（2^n）这种形式。这样的话，节目名就有点儿不伦不类了，难道真的叫"谁想赢得102.4万英镑"?!

数学不仅可以让我们深入了解在这类智力竞赛节目中可以使用哪些策略，还为我们提供了一个独特的视角，让我们看清楚不同类型的参赛者是如何玩这个游戏的。在回答游戏的最后一个问题之前，参赛选手坐拥50万，只要再回答一个问题，100万英镑就到手了。此时，面临的问题是你是否愿意冒损失46.8万英镑（50万英镑减去受安全网保护的3.2万英镑）的风险，去博第二个50万英镑。如何取舍，最终取决于你如何评估这100万英镑的价值。

维多利亚时代的历史学家托马斯·卡莱尔称经济学是一门"沉闷的科学"，但现在经济学中的效用这个概念就可以帮助我们。所谓效用，就是指消费者从商品（在本例中就是钱，也就是那100万英镑）中得到的好处。对我们大多数普通人来说，3.2万英镑是一大笔钱，至少在短期内会对我们的生活产生重大影响。但对于一个有钱人来说，3.2万英镑的收入只不过表示他的财富总额增加了一点点——效用相对较低。如果你给他们一百万英镑，我敢肯定这笔钱的效用会让他们觉得值得一谈。

我们假设有3个分属不同类型的参赛选手：

泽维尔：在2008年金融危机前的宽松信贷时期曾大肆借款。即使是4 000或8 000英镑，也会对他的整个人生产生重大影响。

伊冯娜：40多岁，是个成功的会计师。她并不急需这笔钱，但6.4万英镑可以帮她还清抵押贷款。

扎拉：一位非常成功的时装设计师，生活奢华，但100万英镑的奖金仍然可以让她买一辆布加迪威龙跑车。

对于泽维尔来说，如果他到达了3.2万英镑的安全网，那么100万英镑的价值对他来说就变得不那么重要了，因为这些小钱已经改变了他的生活。对伊冯娜来说，3.2万英镑不是很重要，但一旦开始进入6.4万英镑这个层次，这笔奖金就容不得她掉以轻心了。对于扎拉来说，她对低层次的奖金不太关心，但增加到25万英镑的时候，她也许会考虑用这笔钱能买到什么。所以，在研究参赛者时，我们应该想办法评估他们赋予这笔钱的效用。

实际上，在游戏进行到特定的重要环节时，我们可以使用一种叫作随机动态规划的数学技术来帮助我们做出决定。这种技术是由理查德·贝尔曼于1958年提出的，可以帮助我们建立模型，解决不确定情况下的决策问题。

我们设想若干情境，以检验这项技术：

情境 1

你已赢下50万英镑的奖金,你知道4个选项中有2个是不正确的,比如A和B,但你不知道C和D之间该如何取舍。你可以停止答题,带50万英镑回家。或者你可以猜一猜,在两个等可能的选项中赌一赌运气。因此,你可以按下列方式计算回报的期望值:

$0.5 \times 3.2 + 0.5 \times 100 = 1.6 + 50 = 51.6$ 万英镑

赌运气的"平均"期望回报是51.6万英镑。

情境 2

你已赢下50万英镑的奖金,但你对下一道题的答案一无所知。如果使用一半机会求助法,要么你得到100万英镑,要么你的奖金额跌回3.2万英镑。所以你的预期奖金额是:

$0.5 \times 3.2 + 0.5 \times 100 = 51.6$ 万英镑(结果与第一种情况相同)

情境 3

你已赢下25万英镑的奖金,但已经用完了所有的求助方式。你认为A正确的概率是0.6。此外,你估计B正确的概率是0.3,C正确的概率是0.1,而D肯定是不正确的,因此概率是0。在这种情况下,你可以带着25万英镑离开,也

可以赌一赌。所以如果选正确概率最大的 A，你的预期回报
至少是：

0.4 × 3.2 + 0.6 × 50 = 1.28 + 30 = 31.28 万英镑

我们说这种情境的回报期望值至少是 31.6 万英镑，是因
为如果你答对了价值 50 万英镑的那道题，还可以选择尝试价
值百万英镑的那道题。

有一个节目我至今还没有参与过，但也许有一天我会去
尝试一下，这就是《零分至上》节目。该节目的主持人之一
理查德·奥斯曼曾在我参加一场《大学挑战赛》后发推文说，
"西格尔正在做的事就是我们这里的海鸥①正在做的事"，所
以我至少应该在他的节目中露一次面！自 2009 年以来，这个
节目一直在为英国的电视屏幕增光添彩。在每一期中，参赛
选手都会两两组队，回答一些涉及一般性知识的问题。参赛
队伍的任务是找出其他人最难想到的正确答案，得分越少越
好。所有问题都与事实有关，在节目开始前，制作公司已经
从 100 个人的小组那儿得到了一些答案。最理想的情况是，
参赛者回答的正确答案是百人小组所有成员都没有找到的答

---

① 本书作者西格尔的姓（Seagull）与英语中表示海鸥的词（seagull）
一样。——编者注

案，也就是那个最难被人发现的"零分"答案。

节目奖励的是那些最不起眼的琐碎知识。我们都能说出几部史蒂文·斯皮尔伯格的电影，但要想出一部别人都想不到的电影，我们会给出什么答案呢? 尽管《E. T. 外星人》和《大白鲨》这样的电影都很受欢迎，但我认为没有多少人会想到《横冲直撞大逃亡》或《1941》。这两部电影的票数肯定非常少，甚至可能是 0 票，因此是那个所有人搜肠刮肚的"零分"答案。

节目开始时有 4 对参赛选手，随着节目的进行，我们挥手送别其中 3 对选手。在之前几期中，进入最后一轮的最后一对选手需要从提供给他们的几个选项中选择一个主题。他们可以给出 3 个答案，冲击最后的大奖。2012 年最后一轮比赛的题目是说出英格兰队任意一名在世界杯赛场上 (不包括预选赛) 有过进球的男性球员。只要有人给出零分答案，就代表所在团队取得了成功，大笔奖金也将被他们揽入怀中! 不过，通常的情况是，他们给出的那个答案是正确的，但百人小组中也有几个人 (可能是 1~5 个人) 选择了这个答案。

数学同样可以帮助我们分析这个游戏节目。设 x 为百人小组中给出特定答案的人数 ($x > 0$)。所以 $x/100$ 是一名随机选择的小组成员给出这个答案的概率估计值。这意味着这个人没有给出这个答案的概率是 $1 - x/100$。以此类推，如果我们有另一个随机选择的百人小组，他们都没有给出相同答案的概率是 $(1 - x/100)^{100}$。

现在，我们需要运用稍微高等一些的数学知识。当 x 比 N 小得多时，我们可以采用一个非常有用的近似计算：$(1 - x/N)^N$ 约等于 e^{-x}。

大家可能还记得，我们在第 10 章中提到过字母 e。它是一个数学常数，近似等于 2.718 28（实际上它是个无限小数），是自然对数的底数。

因此，$e^{-1} = 0.37$，$e^{-2} = 0.135$，$e^{-3} = 0.05$。

即使百人小组中只有 2 人给出了这个答案，对于另一个百人小组来说，这个答案是零分答案的概率也非常小，约为 13.5%（由 0.135 得出）。

对于参赛者来说，最糟糕的情况是，他们给出的 3 个不同答案中的每一个，百人小组中都只有某一个人选择了这个答案。因此，每个答案都有 37% 的可能性是零分答案。所以我们可以计算出 3 个答案中有 0 个零分答案的概率为 $(1 - 0.37)^3 = 0.25$。

其中至少有一个是零分答案的概率是 1 减去上面那个得数，也就是 $1 - 0.25 = 0.75$，即 75%。0.25 代表的是选手们在最后一轮中遭遇的最糟糕的运气：选择了 3 个答案，而对于这3个答案中的每一个而言，百人小组中都只有一名成员选择了相同的答案。

下次当你打开电视，坐在舒适的沙发上观看游戏节目或智力测试时，请尽情享受其中的戏剧性和紧张感。尽可能大声地喊出答案！但是请考虑一下，在钱包有可能受到影响时，参赛选手需要采取什么样的策略。

压力也有可能使我们举止失常。在训练环境下，罚点球对一个职业足球运动员来说是相当简单的任务。但在灯光和巨大的压力下，腿都会变得不听使唤。游戏节目也不例外。压力可能会让一些简单得让人尴尬的小问题变成像量子色动力学那样的超级难题。

趣味问答

《大学挑战赛》结束后的握手

在一场《大学挑战赛》节目中，有2支参赛队伍，每支队伍有4名成员。半决赛结束之后，来自我们剑桥大学伊曼纽尔学院代表队和剑桥大学沃尔森学院代表队的所有8名选手都要和每一名半决赛对手握手。每名参赛选手还要和节目主持人杰里米·帕克斯曼握手。所以你的10分开场问题是："所有人一共握了多少次手？"

15

我离不开朋友们的帮助

友谊的衡量标准

脸谱网似乎认为我有3 000个朋友。可以说，我明年的生日派对开出的邀请名单里可以列出这么多人！当然，我也愿意认为自己是一个很好相处、善于建立人际关系的人，但我真的有3 000个在急需帮助时（比如，当西汉姆联队在主场惨败给托特纳姆热刺队时）可以打电话求助的好友吗？或者说3 000只是我在生命中的某个阶段结识的总人数？

我结交的朋友多种多样，个人背景也各不相同，但同样是我，却在过去的几年里一直单身，这真令人费解。我的兴趣爱好非常广泛，因此不断结识新朋友，但我在情场上一直不走运。数学能帮助我们理解友谊和爱情的本质吗？虽然这两样都是人类的活动，但数字反映出来的残酷现实有时可以帮助我们加深理解。在这一章中，我们将具体探讨友谊背后的某些数字。

如果你与我一样兴趣广泛、善于交际，那么你的朋友可能也分成若干种类型：有的是和你一起去健身房锻炼的朋友，有的是一起见面聊八卦的朋友，有的是你会给他打电话约出来彻夜狂欢的朋友，还有的朋友会和你一起做一些文人雅客常做的事，比如去美术馆或博物馆。正如人们常说的那样，人尽其才，物尽其用。但是你有没有想过，你的朋友们对你生活中除了友谊之外的行为有哪些影响呢？诚然，你知道哪位朋友最适合一起旅游观光，或是选出菜单上最好的白葡萄酒。但除了这些直接的相互作用，他们还会留下自己的印记吗？

我读到的一些研究资料表明，根据我们最亲密的朋友的能力，可以准确地预测我们自己的成就。我个人一直相信，作为个体，我们就是自己的亲密朋友和家人的数学平均值。如果换用一种非数学的阐述方式，这句话的意思就是我们深受亲朋好友的影响。我远非完美，但我认为我性格中的某些方面——我对生活的积极态度、对不利事件的适应能力，甚至还有乐于体验各种经历的心态——直接受到了我的核心交际圈的影响，并通过与他们分享经历而得以发展。我们不能选择自己的家人，但我们绝对可以选择自己的朋友。在互联网时代，找到真正可以交往的人比以往任何时候都要容易。

几年前，我注意到了美国作家、励志演说家吉姆·罗恩（Jim Rohn），他是《我的成功人生哲学》（*My Philosophy for Successful Living*）一书的作者。他认为，个人是"与我们相处最多的5个人的平均值"。根据他的哲学，我们可以应用平均法则，该理论认为在任何情况下取得的结果都是所有不同结果的算术平均值。

接下来，我详细介绍一下我的观点，但我不会说出我生活中的那些人的名字（以免他们因为得分比其他人低而不高兴）。假设我有5个最亲密的朋友，他们在"积极性"这个方面的得分不尽相同，分别是50、70、70、70和90分。这个算术平均值很容易计算，只需将这些数字相加，然后除以5就可以了，得数是350÷5＝70。所以在目前的情况下，我的"积极性"是70分。理论上我可以说"哦，那个50分的朋友正在远离我的交际圈，我可以用一个在'积极性'上得分60的人来代替他"，那么我的平均值会变成72。所以从理论上讲，我通过替换核心朋友圈的一名成员，增加了自己的积极性。数学计算很简单，但现实世界并没有那么见利忘义。况且，友谊包含的绝不仅仅是积极性这一项内容！

选择朋友不像选择墙上的油漆颜色或新款茶杯，它显然是一个更复杂、与个人关系更密切的过程。我们所有的关系其实就是我们与其他人之间的各种各样的联系。有的朋友是在童年时代认识的，有的是在中学、大学、职场或俱乐部认识的，还有的是在参加某次活动或者偶然相遇时认识的。在一场10千米的跑步比赛中，我曾与一名选手多次互相超越。后来，我们成了朋友。

相处时间非常长的朋友对我们的影响往往最大，共同拥有的记忆和经历甚至会影响到我们对自己的认识。我当然不是说我们应该为了提高积极性的平均值而抛弃重要的朋友。但累积影响这一点值得我们认真考虑，我认为我们的确应该认真思考大多数人凭直觉就能理解的东西背后的数学原理。如果和某个人的友谊在很长一段时间里对你有损无益，你可能需要好好想一想，能做些什么让你们之间的友谊重新焕发生机，还是认定它已经走到了尽头。

如果你想取悦那个冷酷无情的、功利主义的你，可以试试下面这个做法：列出一个人茁壮成长所需要的最重要的品质。为便于讨论，我假设你列出的是忠诚、幽默、毅力、慷慨和积极性。现在，想一想你在这几项上分别能得几分。分值在1~10分，1分最低，10分最高。记下你的得分。接着，写下相处时间最多的5个人的名字（即使你在职场的老板名列其中，也照实写下他或她的名字）。针对每项品质，给每个人分配一个数值。然后，计算各项的平均值——例如幽默，看看你的幽默水平是否与你相处时间最多的人相匹配。此外，你也可以计算出每个人的总体平均值。

当然，现实世界的层次比这多得多，因为友谊不仅有关我们能从别人那里得到什么，还要看我们能为最亲近的人做些什么！生活中最大的快乐是我们为他人的成功和幸福做出了贡献。上面这个练习只是提供了一个视角，表明数字可能会起到一定的作用。

从我的个人经历来看，随着年龄增长，我越来越钦佩那些有思想而且精力充沛的朋友。和他们在一起，可以提升我的水平。如果某种品质对你个人来说非常重要，或者你希望自己在这方面有所发展，那么与有同样想法的人打成一片可以提高你在那个方面的平均值。如果一个朋友一直产生特别大的消极影响，我就会发现自己在逐渐疏远他们，有时甚至并不是故意为之。也许潜意识在计算平均值，从而断定自己的发展前景正在受到负面影响。这种求平均值的方法显然不是一门科学，而且我们的核心圈子也并不一定刚好由5个人组成。此外，给每个人分配20%的影响力这个做法可能也不正确，因为某些同伴或同事的影响力超过了这个比例。尽管如此，这仍是一个有用的框架，可以帮助我们思考个人友谊对我们的影响。

20世纪90年代初，牛津大学人类学家和进化心理学家罗宾·邓巴提出了通过"邓巴数"分析友谊的量化方法，为这个领域的发展做出了贡献。当时，邓巴在伦敦大学学院任教，正在试图搞清楚为什么灵长类动物会花这么多时间和精力梳理毛发。他在研究中发现，灵长类动物的大脑体积和所属社会群体的平均大小之间存在某种相关性。他发现，如果灵长类动物的大脑较大，它们的社会结构就比较复杂。理论上，你可以根据动物的新皮质大小，特别是额叶的大小，来预测它们的群体大小。

邓巴发现，人类的社会群体是由一系列层次构成的，就像洋葱一样，这些层次之间有着非常特殊的关系。他猜想每个层次的友谊可以容许的人数有一个上限，每个人应该有一两个特别的朋友（或许是伴侣），5 个亲密朋友，15 个非常好的朋友，50 个好朋友，150 个一般朋友，最后还有大约 500 个熟人。这些关系会形成一系列逐渐增大的同心圆，但随着圆变大，关系的强度会逐渐降低，因此质量也会随之降低。粗略地说，从一个圆到另一个圆遵循 3 倍法则：$5 \times 3 = 15$，$15 \times 3 = 45$（约等于 50），$50 \times 3 = 150$，$150 \times 3 = 450$（约等于 500）。

150 这个数字非常关键。邓巴通过人类大脑的平均体积和他对灵长类动物的研究结果进行外推，提出我们在不勉强的情况下往往只能处理好 150 个稳定关系。他解释说，这是"你碰巧在酒吧遇到，然后不请自来与你一起喝酒而你不会感到尴尬的人数"。

150 这个神奇数字还出人意料地出现在社会的其他方面。美国戈尔公司（以戈尔特斯牌防水材料闻名）通过反复试验发现，如果在同一栋楼里工作的员工数量超过 150 名，就会出现社会问题。因此，他们提出了一个解决办法，建造只能容纳 150 名员工、只有 150 个停车位的大楼。瑞典税务当局甚至进行了机构重组，规定每个税务局的人数不得超过150的上限。这也说明邓巴的研究确实具有非常重要的意义。

这些圆环结构也出现在现代社会网络中。沃尔弗拉姆研究公司的创始人兼首席执行官史蒂芬·沃尔弗拉姆研究了100万个脸谱网账户，发现大多数人的好友数量在150~250之间。（当然，在脸谱网上增加一个"朋友"要比在现实生活中交到一个新朋友容易得多，所以脸谱网好友的数量比邓巴数略多一些也就不足为奇了。）现代军队的组织结构似乎也符合邓巴的标准。英国军队的一个连有120人，而在大西洋对岸的美国军队中，一个连有180人。甚至"亲密朋友"圈这个层次在军队结构中也有所反映：英国特种空勤团（SAS）巡逻队由4人组成。

邓巴的研究是在20世纪90年代早期进行的，那时社交媒体技术还没有被普遍接受。如今，人们发展了许多只限于网络世界的友谊，所以对年轻一代的"数字原住民"来说，这些粗略的指导数字可能会发生变化。我们必须等下一代，即所谓的"Z世代"（20世纪90年代中期到21世纪头几年出生的人）长大成人后，才能评估科技对他们的友谊的影响。

堪萨斯大学传播学研究副教授杰弗里·霍尔将这些朋友圈分别称作"亲密朋友""朋友""普通朋友"和"熟人"。霍尔研究了维系不同层次的朋友需要占用的时间。他发现，陌生人只需要90个小时就可以成为你的朋友，再花110个小时才可以进入你的亲密朋友圈。

你可能会认为友谊是自然形成的，不能用我们和某人相处的时间这种简单标准加以衡量。但是，霍尔对过去6个月搬过家、正在寻找新朋友的成年人进行的研究表明，在一起度过的时间是一个关键因素。

霍尔和他的同事们发现，两个人需要在一起相处50个小时左右才能成为"普通朋友"，再在一起度过150个小时（总共200个小时）才能建立起亲密的友谊。以我个人的经验，特定的情境和相处时间的密度，可以大大加快友谊在不同圈层之间转变的速度！许多人与大学同学的友谊可以长时间维持，就是因为他们在大学里一起度过了短暂而有意义的时光。连续数周一起参加恋爱真人秀节目《爱情岛》的选手们，甚至在除睡觉以外的所有时间里都待在一起，这种时间密度使他们以更快的速度加深了彼此之间的友谊和好感，2017年的一对男性伴侣克里斯·休斯和凯姆·塞提奈（也是我最喜欢的一对），以及在2018年获得压倒性胜利的达尼·代尔和杰克·芬查姆，都有力地证明了这一点。

在1999年的最后几个月里，人们越来越焦虑不安，甚至有些恐慌，因为他们担心计算机的日历无法从1999年切换到2000年。但全世界还是比较顺利地完成了这次过渡。2000年1月1日，伦敦东区的人们一觉醒来，就得知我就读的纽汉区圣波拿文都拉中学受人尊重的校长迈克尔·威尔肖在2000年新年授勋仪式上因其对教育的贡献而当之无愧地受封爵位的消息。随后，迈克尔爵士出任英国中小学督察长和教育标准办公室督学处长，任期由2012年至2016年。鉴于校长受封了爵士，我和同学们在听到现任教育部长戴维·布伦基特将于2000年1月21日访问我们学校时并不感到惊讶。作为一名11年级的学生和副级长，我将是迎接布伦基特先生的学生之一。

那天早上，我穿着一件崭新的白衬衫和刚洗过的校服来到学校，却发现戴维·布伦基特来访的消息其实是出于安全考虑释放的烟幕弹——真正的来访者是英国首相托尼·布莱尔。我暗暗地想，这意味着我与科菲·安南（1997年至2006年期间担任联合国秘书长）或比尔·克林顿（1993年至2001年期间担任美国总统）这样的人物只差一步之遥。

如果说我现在只差一个联系人就可以与这些政治人物建立联系，那么我和其他名人之间差多少个联系人呢？我们以迈克尔·杰克逊为例。比尔·克林顿肯定认识某个认识迈克尔·杰克逊的人。所以迈克尔·杰克逊与我的距离可能只有三步之遥：从博比到托尼·布莱尔，再到比尔·克林顿，再到迈克尔·杰克逊。流行歌手、接招乐队（Take That）前成员罗比·威廉姆斯在20世纪90年代末和21世纪初的英国非常红（谁不喜欢放声高歌他的《天使》呢？），我与他的距离有多远呢？夸西·丹夸［他的另一个名字是说唱歌手丁奇·斯特赖德（Tinchy Strider），这个名字更加出名］曾经在圣波拿文都拉中学就读，比我低3个年级，所以罗比·威廉姆斯与我的距离不会超过4步。那么当时的英格兰足球队主教练凯文·基冈呢？前英格兰国脚杰梅因·迪福在圣波拿文都拉中学比我高一年级，后来他转到了位于利尔沙尔的英足总优秀人才学校。所以说我离凯文也只有3步之遥吧？

如果我从秘鲁利马的一所学校随机选择一位数学老师，我与这个人建立联系需要多少步呢？从理论上讲，我们与地球上任何一个人（目前[1]，全球人口是76亿，并正在不断增加）之间的距离是多少步呢？数学和图论可以帮助我们把这个乍一看似乎无解的问题转化为我们可以开始计算的形式。

关于这个问题，所谓的"六度分隔"理论可能对我们有所启示。约翰·瓜尔（John Guare）曾以"六度分隔"为题，写了一部戏剧并获得了普利策奖提名。1993年，这部戏剧被改编成了同名美国喜剧电影。因此，"六度分隔"成了一个

---

[1] 本书英文版出版于2018年。——编者注

比较流行的词语。在电影中，威尔·史密斯扮演的角色冒充演员西德尼·波蒂埃扮演角色的儿子，并通过隔了好几层的朋友关系来欺骗一些精英家庭的信任。

六度分隔理论最初是匈牙利作家弗里杰什·考林蒂（Frigyes Karinthy）在他1929年的短篇小说《链》（*Chains*）中提出的。该理论认为，世界上所有的人彼此之间的距离不超过6步，也就是说，分散在世界各地的任意两个人，通过"朋友的朋友"这个链条，不超过6步就可以取得联系。在约翰·瓜尔的剧本中，维莎·基特里奇说：

⋈

六度分隔，就是地球上人与人之间的距离。美国总统、威尼斯船夫，随便填入任何名字都一样。我们相距如此之近，这让我有两点感受：无比欣慰；就像中国古代的水刑一样，令人害怕。因为你需要找到合适的6个人，才能与对方建立联系。这6个人不需要是什么名人，任何人都可以。雨林里的原住民、火地岛居民，或是因纽特人，只需要6个人，我可以和地球上的任何人建立某种联系。

⋈

　　这段话十分深刻，表明地球上所有人彼此之间联系紧密。从数学上讲，我们和我们认识的所有人之间的距离是1度，与他们认识（但我们不认识）的人之间的距离是2度。但在热带雨林中似乎有一些偏远的部落，他们可能选择了与世隔绝。在这种情况下，六度分隔理论在数学上有可能成立吗？

　　我们用一些顶点（在图中用小圆表示）来定义一幅图，其中一些顶点被边（即线条）两两相连。这些线条表示对象（即那些圆）之间的关系。如果我们在图中用小圆代表人，那么只要两个人之间有线条相连，就表示他们互相认识。任意两个顶点之间的距离，比如顶点X和Y之间的距离，是图中从X到Y需要经过的最小边数。

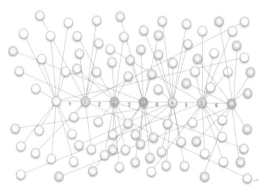

图片来源：Wikimedia Commons

假设你认识300个人，这300个人也分别认识300个人。因此，我们只需要两步，就有可能与300 × 300 = 90 000人建立联系。如果这9万人中的每一个人都认识300个人，那么通过3步就会变成2 700万人。你可能会说："等一等，这2 700万人中肯定有重叠的人吧？"是的，你说的没错，但利用这种简化方法有助于我们了解整体情况。

可以看出，这是一个指数增长的例子。更简单地说，我们要尝试计算一个 x，这个 x 就是分离度为6度时涉及的总人数。也就是说，$x = 300^n$。如果 $n = 6$，则 $x = 300^6 = 7.29 \times 10^{14}$。世界现有人口约为76亿，即 7.6×10^9。因此，虽然这个模型忽略了重叠的友谊，但它确实表明，六度分隔理论极有可能是成立的。

如果玩过《与凯文·贝肯的六度分隔》这款游戏，就不会对这个理论感到陌生。演员凯文·贝肯出演的电影和电视剧非常多，但最受欢迎的可能就是他在音乐剧《浑身是劲》中扮演的那个角色。这个游戏的目的是根据与贝肯的关系，以尽可能少的步骤为任意两个好莱坞演员建立联系。衡量这些演员与贝肯亲密程度的度量实际上是数学上的"贝肯数"。

数学界一直沿用这一概念，并将其发扬光大。他们甚至通过是否与匈牙利多产数学家保罗·埃尔德什合作发表过论文来表示某人与这位数学家的亲密程度。所以，埃尔德什数为0是专属于保罗·埃尔德什本人的。埃尔德什数为1表示某人与埃尔德什合作发表过论文，埃尔德什数为2则表示某人与某个同埃尔德什合作发表过论文的人合作发表过论文，以此类推。

数学家甚至更进一步，将好莱坞与数学这两大领域结合到一起，发明了埃尔德什–贝肯数。保罗·埃尔德什的埃尔德什–贝肯数是3，因为他的贝肯数是3，埃尔德什数是0。史蒂芬·霍金教授的埃尔德什–贝肯数是6，这是因为他的贝肯数是2（他生前曾与约翰·克里斯一起出现在巨蟒剧团舞台表演中，而克里斯曾与贝肯一起出演《电影奇谈》），埃尔德什数是4。

我还没计算出我的埃尔德什–贝肯数是多少，但我希望几年后能告诉你答案。我目前正在攻读博士学位，研究的题目是数学焦虑症。虽然数学焦虑症的根源肯定在于教育而不是数学，但我希望通过与某个在数学上与剑桥大学有关联的人合作发表研究论文，为我的埃尔德什数创造一些利好条件。至于贝肯数这个方面，我为自己参加了剑桥学生即兴喜剧游戏节目《大学挑战赛》而感到高兴，因为"脚灯"俱乐部的一些志向远大的学生也参加了这个节目。"脚灯"是剑桥的业余戏剧俱乐部，其前成员包括休·劳瑞、克莱夫·詹姆斯和大卫·米切尔等演员。我希望我与"脚灯"俱乐部的这个关系将来可以降低我的贝肯数。因此，过几年再来看看我的埃尔德什–贝肯数吧！

数学家邓肯·瓦特（Duncan Watt）和史蒂文·斯特罗加茨（Steven Strogatz）指出，随机网络中两个节点之间路径的平均长度可以数学量化为 $\log N / \log K$。"log"（对数）表示一个数需要自乘多少次才能得到另一个数。例如，$\log_2 8 = 3$ 表示 2 自乘 3 次就会得到 8。表达式中的 N 是节点的总数，K 是每个节点的熟人数。假设 $N = 3$ 亿（美国人口的 90%），$K = 30$，那么分离度就是 $19.5 \div 3.4 = 5.7$。

如果你拥有脸谱网账户，你会很高兴地发现，随着时间的推移，脸谱网用户之间的平均距离缩小了：2008 年的平均距离是 5.28，2011 年是 4.74；到了 2016 年，20 亿左右的脸谱网用户之间的距离已经缩小到了 4.57。因此，我们彼此越来越接近，至少在网络上是这样——尽管许多人声称他们与真实的人际接触似乎正在渐行渐远，这是社交媒体连接能力导致的悖论之一。

《凭借朋友们的一点儿帮助》（With a Little Help from My Friends）是披头士 1967 年的专辑《佩珀军士的孤独之心俱乐部乐队》（Sgt Pepper's Lonely Hearts Club Band）中的一首歌，听起来很不错。这首歌一开头就唱道："如果我唱歌走调，你会怎么想？你会站起来，离开我吗？"如果我们更关心的是吉姆·罗恩提出的那个残忍的算术平均值，我们也许真的会离开！但人类的友谊当然要复杂得多（也更加混乱）。数字世界可以帮助我们更好地了解我们的友谊和社交圈，无论是好朋友、泛泛之交还是知心好友。但有时候，任何涉及人类情感和思想的事情最终都会违背逻辑。也许这就是友谊之美吧。

趣味问答

泰特现代美术馆的朋友聚会

我准备在一个星期五的晚上，在泰特现代美术馆举办一个仅限朋友参加的派对。我在Spotify音乐平台上建了一个播放列表，里面都是我最喜欢的歌手演唱的歌曲，包括：

艾莉·古尔丁（3首）

大鲨鱼（1首）

凯利·安德鲁（4首）

孩子气的甘比诺（1首）

斯托莫基（5首）

杰米·卡伦（9首）

缪斯（2首）

我希望在派对的最后播放一些我最喜欢的欢快歌曲，以便客人们尽兴而归。因此，我决定播放挪威明星西格丽德的音乐。我也可以选择任何一名其他音乐家的作品来完成这个播放列表，但歌曲的数量只能是6首。这是为什么呢？

16

就该在爱情中如此幸运

让数学为你的浪漫爱情服务

喜欢看足球？那你能容忍我支持西汉姆联吗？听听音乐放松一下？那你可以接受威尔第的歌剧、贾斯汀·比伯的上榜流行歌曲和斯托莫基的说唱音乐吗？晚上都坐在电视前看英国喜剧节目《巨蟒》（*Monty Python*），或者打开BBC 4台，观看贾妮娜·拉米雷斯拍摄的关于维京人的纪录片，你会喜欢吗？逛美术馆时，你希望寻找19世纪前拉斐尔派绘画作品或者看一看那些荒诞可笑的现代作品吗？在高强度的循环训练班结束后，你还想去打网球吗？

对于上面这些问题，如果你给出的答案有几个是肯定的，请将你的详细信息发送给我的出版商，然后我们可以约个日子见一面！

感谢澳大利亚流行歌坛常青树凯莉·米洛在1987年发行的《就该在爱情中如此幸运》（*I Should be So Lucky*）。在这首走红全球的热门歌曲中，凯莉表示她希望命运可以在爱情的道路上给她一个积极的推动作用。但我想知道的是，数学是否能在我或者任何人追求"命中唯一"的过程中提供助力？《命中唯一》(The One)这首欢快的歌曲是由三人组合斯托克–艾特肯–沃特曼创作和制作的。沃特曼（据说是智力竞赛狂热分子）说，这首歌的灵感来自约翰·帕赫贝尔的《D大调卡农》，这首17世纪晚期的经典曲目在2018年Classic FM电台听众调查中被选为17世纪最佳曲目。

"你什么时候结婚，monay？""monay"这个词听起来与法国印象派画家莫奈的发音非常相似（10多年来，莫奈创作的伦敦威斯敏斯特宫画像一直挂在我卧室的墙上）。但是"monay"在马拉雅拉姆语中是"儿子"的意思（马拉雅拉姆语是印度西南部喀拉拉邦的一种语言），在我们这里，任何年龄与你父母相当的人都可以使用这个词称呼你，包括许多叔叔阿姨。在家庭和社区活动中，经常有人问我这个问题，而我在回答时往往会把做出决定的时间向后推："我很快就会结婚，但现在我必须专注于学业（取决于我当时正在攻读的学位）。"虽然我的非全日制博士学位还可以再拖延几年，但我不知道以各种各样的学历作为借口，还能帮我把做出决定的时间再推迟多久。

20世纪70年代末至80年代初，我的许多家人和他们各自的家庭纷纷在英国定居了下来，但他们仍然认为，大学毕业找到一份稳定的工作后就应该结婚了。许多人仍然认为包办婚姻在印度占主导地位。根据我自己的经验，我所在的马拉雅拉姆人（来自印度的喀拉拉邦人）社区确实存在包办婚姻，但"爱情婚姻"的数量也在不断增加。随着城市的发展，年轻的印度人为了寻求教育、就业和机会而离开了祖居的村庄，相互来往得越来越频繁，因此他们更有可能突破以往的圈子，在外面遇到合适的伴侣。

我在英国的朋友们认为除了"爱情婚姻"以外的任何婚姻都是荒谬的（也许这种观点是正确的），但从历史上看，"爱情婚姻"还是一个相对较新的概念。在英国，有许多人是通过媒人或者热衷于当红娘的家庭成员认识他们的配偶的。

早在《圣经》中的时代，包办婚姻就已经存在。传统上，婚姻被视为政治、军事或社会倾向的联盟。我每隔几年会去印度探亲，互相寒暄结束之后，亲戚通常就会脱口而出："博比，你什么时候找一个贤内助呢？"旧的术语需要时间才能消失。

我已经到了30岁出头、接近35岁的人生阶段，我的脸谱网留言板上不断出现熟人的婚礼和婴儿照片。几年前，朋友们会羞于承认他们是在网上认识的。如今，在网上相识已是司空见惯的事，这或许显示出一种自己做主的感觉：他们通过数字媒体掌控自己的命运，而不需要在酒吧里等待不期而遇的邂逅或朋友的介绍。但是经人介绍认识潜在的交友对象仍然是一种安全的交友方式。如果介绍人这种方式适合哈里王子和梅根·马克尔，那么我们普通人也应该适合这种方式！（他们显然是被他们共同的朋友、时装设计师米莎·诺努安排了一次相亲，因此他们与彼此认识的距离只有2度。）优秀喜剧演员艾米·舒默和前脱口秀主持人里基·莱克都是通过网络交友软件认识各自的伴侣的。由于工作压力大，而且上下班的路上需要花费大量时间，年轻人的时间越来越紧张，因此在网上找对象似乎是一个不错的选择。那么，数学能引导我们在爱情海中自由航行吗？

那些在星空中寻找小绿人（这或许是外星生命在小说中最常见的形象）的人，与我们这些寻找真爱的人之间的相似之处远远超过你的想象。我们在第5章中讨论过，德雷克公式试图利用数学框架，来估算银河系中外星文明的数量（如果各种变量都取下限，估算结果是1 000）。

由于我从孩提时代就对太空和宇宙万物痴迷不已，因此我早早就知道了德雷克公式，但直到2010年，我才第一次看到它最离奇的应用。曼彻斯特大学经济学讲师（但是当时正在华威大学担任助教）彼得·巴克斯（Peter Backus）别树一帜，发表了一篇题目为《为什么我没有女朋友——德雷克爱情公式在英国的应用》的论文。我准备借助巴克斯为德雷克公式重新定义的参数，计算出有可能成为我的"真爱"的女性到底有多少!

基本方程是：$G = R \times f_F \times f_{LC} \times f_A \times f_U \times f_P \times L$

我们逐项讨论这个方程：

G = 潜在女友的数量

R = 英国人口的形成率（换句话说，人口增长速度）

我使用的是英国国家统计局的数据。经过一些简单的 Excel操作，就可以看出自1960年以来，英国人口每年平均 增长240 000人。

f_F = 英国人口中女性所占比例

目前，英国人口中女性的比例约为0.506，但我比较乐 观，所以将它四舍五入至0.51。

f_{LC} = 居住在伦敦和剑桥的英国女性所占比例

我经常需要在伦敦和剑桥两地之间往返。伦敦的人口 大约是1 065.7万，剑桥的人口约为12.9万，所以两地总人 口是1 078.6万。英国人口约为6 655万，所以这一项的值约为0.16（1 078.6/6 655.0）。也就是说，有16%的英国人住在伦敦或剑桥。现实地说，我只能和居住在这两个地方的人约会，否则就会有后勤方面的麻烦。

f_A = 居住在目标城市且年龄合适的女性所占比例

当然，爱情是没有年龄界限的，但我已经34岁了，虽然我看起来可能更年轻一些，尤其是胡子刮得干干净净的时候！假设我要找的是25~35岁的女性，我估计她们大概占人口的20%（0.2）。

f_U = 年龄合适且受过大学教育的女性所占比例

我在彼得·巴克斯的原始计算公式中看到有这一项。他承认很多没有上过大学的人也不乏智慧，但从我以前的经验来看，我更倾向于结识上过大学的女性（主要是因为我的朋友圈里大部分都是大学毕业生）。所以，我约会的人上过大学可能是一个接近现实的假设（不过，谁说我不会认识一个16岁离开学校、立志创业的企业家，或者因为各种各样的原因而在18岁辍学的某个人呢？）。巴克斯赋予这一项的值是0.26。但是，根据2012年的数据，16~74岁人口中27.2%的人拥有大学学位或同等学历。因此，我们不妨认为这一项的值为0.27。

f_P = 居住在目标城市、受过大学教育、年龄合适且对我有吸引力的女性所占比例

彼得·巴克斯认为这个比例是1/20。他并不是说其他的女性都没有吸引力，绝对没有这个意思。但他估计只有1/20的女性对他有吸引力。这个参数很难估值，而且可能会导致结果出现较大差异。因为我个子不高，与高个子女性约会的难度可能更大！因此，我们假设这一项的值是1/10，即0.1。

f_U = 我来到这个世界且有机会结识潜在女友的时间（以年为单位）

我34岁，所以理论上这一项的值是34（年）。但实际上，我一直专心学习，在18岁中学毕业之前从未考虑过交女友。因此，这一项的值是16。

为简化计算，我们可以用英国人口一项来表示英国人口的增长速度和我有机会结识潜在女友的时间长度这两项，用N表示。根据当前的估计，2018年英国人口为66 550 000。

$$G = N \times f_F \times f_{LC} \times f_A \times f_U \times f_P$$

现在，将这些值代入方程，就会得到：

$$G = 66\,550\,000 \times 0.51 \times 0.16 \times 0.2 \times 0.27 \times 0.1$$
$$G \approx 29\,325$$

数字计算表明，英国大约有29 325名女性符合我的潜在女友初步条件。这个数字似乎比较合理，这么多人到最多可以容纳3.5万人的西汉姆联队老厄普顿公园球场看球的话，上座率已经比较可观了。这相当于英国人口的0.044%，这让我感觉很满意。

当然，上述计算没有考虑所涉及的女性是不是也觉得我有吸引力，而且她们必须是单身！因此，这29 325名女性还要大幅度减少。假设在这29 325名女性中，觉得我有吸引力的占1/20，有一半是单身，而我只与其中的1/10相处得不错。最后的得数就会减少至29 325 × 0.05 × 0.5 × 0.1 ≈ 73。

因此，根据巴克斯得自德雷克公式并经我修改后的公式，在伦敦（或者剑桥）我有可能成功约会的女性一共有73人。唉……似乎希望渺茫。考虑到英国的人口是6 655万，我下一个遇见的人处于我73个潜在交友对象之中的机会是

1/913 000！因此，如果银河系中可能存在 1 000 种外星文明，那么与我找到情投意合的伴侣的可能性相比，人类发现外星文明的可能性要高 14 倍！

这种计算很大程度上取决于你在公式中代入的那些比例，但它有力地证明了数学具有帮助我们理解一些事情（甚至是寻找爱情这种看似无关的事情）的威力。我是恋爱真人秀《爱情岛》的一个不折不扣的铁杆粉丝。你会发现我用的水壶是《爱情岛》官方周边产品，还有可以在"单身"与"配对成功"这两种状态间来回切换的腕带——当然，目前是"单身"状态！用数学语言来说的话，我可能是用维恩图中相交部分表示的那些为数不多的既喜欢《大学挑战赛》又喜欢《爱情岛》的电视观众。说真的，如果屏幕上那一对对选手在节目结束后黯然分手了，我可以帮他们定制德雷克公式，计算在英国有多少人有可能成为他们的伴侣。

这个公式能给我们什么建议呢？如果你想增加找到真爱的机会，就需要坚持不懈地寻找。符合你的标准的人经常去哪儿，你也要经常去那些地方。打开你的心扉，适当降低标准（比如我的关于接受过大学教育的那条标准），就会有更多的机会遇到潜在的伴侣。

上面的计算表明有 73 位女性在等着我。（我保证我没有人为捏造参数以得到这个结果，但是 73 是一个质数，所以我觉得这个数字特别有趣！）这让我开始思考"命中唯一"的概念。真的有"命中唯一"这种东西吗？

英国的音乐排行榜上充斥着爱情这样的字眼。自1953年以来，已经有100多首以"爱"为题的歌曲登上榜首。20世纪六七十年代有"至上"组合的《宝贝之爱》（Baby's Love，1964年）、唐尼·奥斯蒙德的《初恋》（Puppy's Love，1972年），21世纪有艾尔顿·约翰的《你准备好爱了吗？》（Are You Ready for Love?，2003年）、艾莉·古尔丁的《真心地爱我》（Love Me Like You Do，2015年）。许多歌曲和电影都在宣扬"命中唯一"的概念——那个完美无缺的人，也就是那个命中注定属于我们的人。交友网站eHarmony的研究表明，35岁以下的人中有1/5相信"命中唯一"的概念。

是不是真的有一个灵魂伴侣在世界的某个地方等着我们每个人呢？美国国家航空航天局机器人专家、漫画网站*xkcd*的创立者兰道尔·门罗真的做了这方面的研究。首先，他假设我们生来就有一个灵魂伴侣，在我们出生之前缘分已定。我们对这个人一无所知，也不知道他/她可能在哪里。我们唯一知道的就是老生常谈的一句话：一旦我们与那个人目光相遇，就会知道他/她就是我们要找的那个人。

然而，我们的灵魂伴侣只有一个，我们不能确定他是否还活着。他可能在很久以前就去世了，或者还没有出生。智人大约在5万年前开始在地球上行走。美国人口资料局估计大约有1 070亿人曾经生活在地球上。目前全球人口约为76亿，这意味着93%的人已经死亡，也意味着我们的灵魂伴侣有93%的概率早已进入天国。显然，这还没有把尚未出生的人包含在内，所以你在有生之年无法遇到灵魂伴侣的可能性还会增高。

不过，为了让计算更容易实现，门罗假设我们的灵魂伴侣都是我们同一时代的人，年龄相差不超过几岁。有了这些参数，他估计我们有5亿个潜在的情侣。但是遇到这些人的概率有多大呢？

我们经常听到人们说，只需要通过目光接触，你通常就会知道遇到的是不是你的"命中唯一"。在这个问题上，数学能帮助我们吗？每天与我们视线接触的陌生人的数量是很难估计的。这取决于每个人各自的情况。如果你生活在一个居民都数得过来的小镇上，这个数字可能就会非常小。但如果你是希思罗机场的安保人员，那么每天可能会有几千人与你视线接触。此外，这些人还需要与我们年龄相仿。门罗说，如果与我们视线接触的人中有10%与我们年龄相仿，那么在我们一生中符合这个条件的大约有5万人。因为我们有5亿潜在的灵魂伴侣，所以找到真爱的机会只有万分之一。这同样是一个令人沮丧的结果！

现实远比这微妙得多。当然，相信只有唯一的爱人在等着我们，这绝对是一种宿命论。"命中唯一"的神话被放大到了夸张的程度，人们理想化地认为潜在的伴侣将满足我们所有的需求，包括社会、情感、身体、智力、实用性和道德需求。那些信奉"命中唯一"神话的人会发现自己走上的是一条通向挫折、痛苦和失望的道路。

目前，我依然希望通过不期而遇的邂逅或者朋友的介绍遇到合适的人，但是到了某个阶段后，我也真的应该努力努力了。怎么努力呢？或许可以先尝试网上交友。这种交友方式已经不再受人诟病了。在一系列网上交友软件中，Tinder属于轻松愉快的类型，是一款基于地理位置的移动应用程序。用户可以选择喜欢（向右滑动）或不喜欢（向左滑动）。Match和eHarmony等网站更加严肃，更注重长期关系。在英国，约有1/4的新恋情是从网上邂逅开始的，人们投入这个行业的消费额达3亿英镑。这是一大笔钱。即便是受财大气粗的阿布扎比联合集团支持的、实力强大的曼城足球俱乐部，也与Tinder达成了一项为期数年的合作协议。

假设在线交友网站的推广工作做得非常好，拥有大量的会员。在这种情况下，他们就可以通过大量的数据来帮助会员寻找合适的潜在伴侣。交友网站必须创建算法，利用数据帮我寻找他们认为我有可能与之相处的交友对象。

所有网站都有自己特定的方法为那些寻找爱情的人牵线搭桥。不过，美国交友网站OkCupid明确表示，他们可以借助数学的力量来帮助你寻找爱情。他们甚至在自己的网站上夸下海口，说他们可以"借助数学帮你找到交友对象"，而且他们有"很多不可思议的数学方法，可以帮助人们更快地建立联系"。OkCupid坚定地认为他们的努力方向是正确的，他们甚至愿意公开分享他们的算法。那么他们到底是怎么做的呢？

OkCupid网站为潜在的情侣们准备了一些问题，每个问题都要给出3个答案。首先，他们要求用户独立给出自己的答案。然后，用户需要表明他们希望潜在的交友对象给出什么样的答案。再然后，他们还要求用户为这个问题的重要性确定一个等级。重要性分为5级，算法为每个等级分配了一个数值。

重要性等级	分值
不关心	0
有些重要	1
比较重要	10
非常重要	50
不可或缺	250

分配给重要性等级的分值会对算法得出的结果产生重大影响，但这正是OkCupid选择的。如果他们将"有些重要"

的值改为10分，将"非常重要"改为100分，在为用户寻找潜在伴侣的时候就会影响最终的结果。

现在，我正在剑桥大学伊曼纽尔（Emmanuel）学院攻读博士学位，我们学院的师生们（包括剑桥大学这个更大的圈子）都亲切地称这个学院为"艾玛"（Emma）。只要我在学院里，我都会告诉我的家人我和艾玛在一起。我妈妈以为我在和一个叫艾玛的女孩约会！所以，接下来我要做一个实验，测试一下我和一个叫艾玛的假想女孩之间的缘分。（如果有一天我真的结婚了，举办婚礼的地点有可能是伊曼纽尔学院的那个美丽的小教堂，设计者是克里斯托弗·雷恩爵士。在艾玛举办婚礼，然后把艾玛娶回家，这真的很有意思！）

我们来看看假想中我的OkCupid问题：

博比	问题1：你喜欢长跑吗？	问题2：你是烹饪高手吗？
自己的回答	是	否
希望交友对象给出的回答	是	是
重要性	有些重要	比较重要
重要性得分	1	10

重要性总得分：10 + 1 = 11分。

我们再看看艾玛的问题：

艾玛	问题1：你喜欢长跑吗？	问题2：你是烹饪高手吗？
自己的回答	是	是
希望交友对象给出的回答	是	是
重要性	非常重要	非常重要
重要性得分	50	50

重要性总得分：50 + 50 = 100分。

基于这些分数，我们可以计算出我们之间的匹配程度。

我的得分：我对自己回答的这两个问题的评价分别是"有些重要"和"比较重要"，总分值是11分。艾玛的回答和我希望的一样，也就是说她得了满分11分。所以我对艾玛的满意度是100%。爱情之花有望绽放。

艾玛的得分：艾玛认为两个问题都"非常重要"，所以对她来说这两个问题共值100分。我只对其中一个问题给出了肯定的答案，这意味着我得到了100分中的50分。所以艾玛对我的满意度是50%。这样的满意度似乎没什么希望。

OkCupid计算用户匹配程度的方法没有这么简单——他们还会计算这两个百分比的几何平均值。这种平均值可以表示一组数字的集中趋势或典型值，这对于范围广、数据点多的数据（比如我们在交友网站上得到的那些数据）很有用。

如果只有两个数字，那么它们的几何平均值通过将这两个百分比相乘然后求平方根得到。一般而言，要求 n 个百分比的几何平均值，我们将这 n 个百分比相乘，然后求 n 次方根（n 是用户回答的问题数）。

匹配度得分 = 100 与 50 的乘积的平方根 = 5 000 的平方根 = 71 分（即满意度是 71%）

这显然是假设用户只需回答两个问题的简化公式。为了给自己更多的机会去匹配更多潜在的交友对象，你需要回答尽可能多的问题（即使你没有耐心坐下来回答 100 个问题）。你回答的问题越多，你的数据对你的描述就越可靠。该算法似乎只适用于两个用户回答相同问题的情况。

有趣的是，Match.com 网站并不信任它的用户。它的算法名叫"突触"（Synapse），它不仅考虑你陈述的要求，还会考虑你登录网站后的行为。这两者之间的差异称为"言行不一致"。假设我告诉网站我喜欢的是非足球迷的女性，但事实上我一直在查看那些热爱足球的女性用户的资料，在这种情况下，Match.com 的算法就会向我提供一些热爱足球的潜在对象。在考虑我的要求时，它不仅关注我是怎么说的，还会关注我是怎么做的。

　　亚马逊、网飞、Spotify等互联网巨头也会使用与这个"突触"算法一样的技术，通过监控你对网站的使用，为你推介产品。反馈也很重要。如果你愿意评价软件给出的建议，那么你的评价越多，算法就越有可能找到让你心动的交友对象。

　　"真爱的道路永远是崎岖多阻。"这是拉山德在莎士比亚的《仲夏夜之梦》开头对赫米娅说的话。世界上不存在完美无缺的爱情，但数学可以帮助我考虑采取哪些措施，以便在将来的某一天找到我的人生伴侣。首先，即便是利用德雷克在银河系中寻找智慧文明的公式来帮助我寻找爱情，条件也不宜过于苛刻。条件放得越宽，有可能成为约会对象的女性就越多。此外，"命中唯一"是一个有害无益的概念。你越乐于尝试新的体验，越积极主动，你就越有可能遇到你喜欢的人。

　　我个人不相信自己能找到完美无缺的爱人，但是我们有可能会遇到适合我们当前条件的人——"目前的唯一"。然后，你是愿意孑然一身，还是愿意与这个人一起为保持爱情的魔力不减而努力，这就取决于你了。数学可以帮助我们把爱情看成一个数字游戏，但你仍然需要以开放的心态参与游戏才能找到真爱。现在，如果我的任何一个亲戚问我，我的回答仍然是："我很快就会结婚，但现在必须全身心地攻读我的博士学位。"

趣味问答

《爱情岛》的难题

选手们在参加恋爱真人秀节目《爱情岛》时，需要面临身体和精神上的挑战。第一个身体上的挑战与节目名称"LOVE ISLAND"这个词语有关。参赛者需要用身体在花园的地面上拼出"LOVE ISLAND"这个词语。

完成这项任务后，参赛者还要面临精神上的挑战。他们必须再次使用节目名称中的所有字母来解决另一个谜题，但这次的谜题有点儿难。

参赛者需要拼出一个人名：他是一位勇敢的国王的第五代子孙，而那位国王曾经在一个"热气腾腾的关隘"打过一场著名的败仗。节目组给出了一个数学形式的线索：那场战役发生的时间可以用质因数乘积的形式表示成公元前 $2^5 \times 3 \times 5$ 年。

把每分每秒用到极致

数学为你腾出时间做想做的事

⋈

面对一去不复还的光阴

如果你能把每分每秒用到极致

那么，你的成就会如天地一样博大

更重要的是，我的孩子，你就是一个真正的男子汉了！

⋈

这是鲁德亚德·吉卜林为他的诗《如果》写的结尾。（是的，我知道这首诗是吉卜林以父亲的身份写给他的儿子约翰的建议，但我们可以把它看作写给所有人的建议！）1995年，这首诗在BBC的民意调查中被评为英国最受欢迎的诗歌。从那以后，我就用硬纸板把全诗做成了海报，挂在我的卧室里。作为一名负责学生生活的班主任，我还把这首诗贴在了班级的墙上，这也许是帮助这群11岁的学生培养积极心态的一种微妙的宣传方式吧。

对我来说，这首诗不仅激发了我努力拓展自我的意识，还对我的时间观产生了深远的影响。《牛津英语词典》将时间定义为"存在和事件作为一个整体在过去、现在和未来的无限持续的进程"。

大爆炸理论是帮助我们理解宇宙的最好的科学工具。根据该理论的估计，宇宙的年龄是138亿年。这是物理宇宙学测量的从大爆炸到现在经过的时间长度。时间确实在前进，一秒一秒地走向未来，而不会停下来等待我们。然而，我承认在接近光速的高速下，情况会变得更加混乱。在"被苹果砸中头"的牛顿物理学中，长度和时间是绝对的。在爱因斯坦提出的广义相对论世界中，相对论时间不同于绝对时间，但只会在以接近299 792 458米每秒的速度运动或在极高重力条件下才会有显著差别。

时间为什么很重要呢？因为它是老天给予我们所有人的唯一的东西。有时这段时间可能很短，有的时候又特别长（如果你是1997年去世的让娜·卡尔芒，那么这段时间会长达122年。[①]小时候，她还曾在父亲的店里见到了画家凡·高）。如果你是《圣经》中的人物，那么你可能会像玛士

---

① 让娜·卡尔芒（Jeame Calment）：法国人，享年122岁，被《吉尼斯世界纪录大全》授予"世界上最年长者"的称号。——编者注

撒拉一样，活到969岁！

　　仔细想想，时间是唯一我们所有人都拥有的资源。但这并不意味着为了尽可能延长寿命，我们必须抹杀生活中的乐趣和欢乐。事实上，悠闲地坐在沙发上，或者是在花园里放松放松，可能是抚慰灵魂的最佳方式。如果你能想出让时间倒流的方法，就请你将时间设置到2009年6月28日，让我们来到剑桥大学的冈维尔与凯斯学院，在已故的史蒂芬·霍金教授开的时间旅行者派对上喝香槟、吃点心（世界时间12:00，地点：北纬52°12′21″，东经0°7′4.7″）。

　　浏览脸谱网、推特、照片墙等社交媒体上的信息经常是一种拖延症的表现（好吧，至少对我如此），但上面偶尔也会有一两篇文章让人大吃一惊。最近，我在一条动态里看到了一幅以月为单位描述90年人生（对健康的人来说，这是一个合理的预期寿命）的图片。图中的圆表示一个月，每行有36个圆（表示3年，因为每年有12个月）。总共有30行，代表90岁的预期寿命。这幅图非常发人深省，因为你可以看出你位于人生的哪个位置，以及你还剩下多少时间（假设你不会英年早逝）。

　　下图中的空白方格表示我还有多少个月的寿命（假设我能活到90岁）。

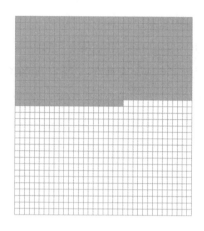

我们常常认为活着是理所当然的，也许还认为我们有永远活着和呼吸的权利，而不去想我们最终的命运。看到图中那一个个表示我还有多少个月寿命的方格，我不由静下心来，思考我的最终命运。这是件坏事吗？当然不是。知道生活不是一场彩排可以让你始终保持一种紧迫感，敦促你去做想做的事情。我第一次有这种紧迫感是在我上学的时候，当时我正在阅读莎士比亚的戏剧《麦克白》（戏剧界称之为"那部苏格兰剧"）。剧中主角说：

⋈

人生不过是一个行走的影子，一个在舞台上指手画脚的拙劣的伶人，登场片刻，就在无声无息中悄然退下；它是一个愚人所讲的故事，充满着喧哗和骚动，却找不到一点意义。[1]

⋈

我认为生命是短暂的，它会很快离我们而去，但我强烈反对他认为生命缺乏实质内容的观点。我们可以通过追求个人目标、家庭生活、事业或任何能让你扬帆远航的目标，来创造人生的意义和价值，使我们的生活丰富多彩。我在雷曼兄弟银行做交易员时，曾经有过一次难忘的对话。那是一个周四的晚上，我乘电梯下楼。那天晚上比较反常，电梯里竟然只有一名员工。乘电梯时，英国人通常会避免视线接触，但我朝那位老人笑了一笑。然后，我打破了沉默，说道："离周末只有一天了！"老人的回答比较温和但不失尖锐："如果你一直等着过周末，就等于是希望自己的生命早点儿结束。"

我没有太多时间考虑他的话，因为电梯快要停下来了，于是我草草地回答了一句："我觉得你说得对。"在回家的列车上，我认真思考了他说的话。我心里想，我并不是从星期一开始就盼望着这一周早点过去，只不过今天已经是星期四

---

① 引自《麦克白》，朱生豪译，译林出版社，2013。——编者注

了。不过，他说的话确实有道理。如果我在从周四晚上到周五晚上的24小时里都在盼望周末的到来，那么我生命中大约有14%的时间会在这盼望的过程中白白流逝。

如果我告诉你，你每天有8.64万英镑的收入，你肯定会认为"这太好了"。你可能会想，一段时间之后你就可以攒一大笔钱。但如果每天得到这笔钱的附加条件是当天都要花掉，那么你对这笔钱的看法可能会改变。8.64万英镑表示的是一天中的8.64万秒。每天有24小时，每周7天。无论有钱没钱，辛勤工作还是消极怠工，走运还是不走运，时间都对我们一视同仁。我们每周都有同样的168个小时。我们每个人每天有24小时，相当于1 440分钟或86 400秒。记住，大多数明智的成年人会花大约1/3的时间睡觉（28 800秒），我们每天可以支配的时间只有57 600秒。因此，我们唯一需要关注的问题是：你如何支配这些时间？

小时候，尤其是在我上小学的时候，"下午6点至8点"是完成家庭作业的时间，就像修道士需要念经做晚祷告（晚礼拜）一样。放学回家，狼吞虎咽地吃完下午的点心后，电视里就会接二连三地播放《儿童新闻》《启航旗》和《邻居》。放完这些，就已经是下午6点了，离吃晚饭还有2个小时。在这段时间里，我们兄弟几个都要回到卧室做家庭作业或者读书，再或者做一些创造性的事情（画画和手工是受到鼓励的）。

"6点至8点"这个时间段被细分为4个部分，每个部分30分钟。我们全家都希望最大限度地提高时间的利用效率。我们每个人都会对自己在每个30分钟内做出的努力做一个总分为10分的自我评估。10分表示我自认为做到了心无旁骛，注意力高度集中。相反，0分则表示根本没有学习，可能是因为我完全被其他事情分散了注意力。其余的按比例增减，其中7分是我期望达到的平均分数。

借助这个数字框架，我可以切实思考自己在时间利用方面的效率。使用量化的数字，我可以跟踪自己傍晚时段的学习效率。如果我感觉自己连续几个傍晚的得分都是3分或4分，我就会静下心来，认真思考到底哪里出了问题。是因为动力不足吗？还是因为注意力不集中？不管是什么原因，每半小时进行一次自我评分给了我定期自我反省的机会。

在这套评分系统的引导下，我在公立学校圣波拿文都拉中学完成了普通中等教育证书的课程。在我进入绿树成荫的伊顿公学读高中并获得奖学金的那两年里，这套评分系统的精确性达到了最高点。在那段时间里，我把一小时分成更小的时间段，每段15分钟，因此我可以更精确地监控和评估自己的表现。在其他人看来，这种做法似乎有些多余，但它确实助我最大可能地提高了时间利用效率。时间是一种有限的资源（这种状况永远不会改变），我们需要安排一些时间用于工作，还要安排一些时间用于放松自己。工作时确保富有成效有助于在闲暇时尽情享乐，因为你知道你已经做到全力以赴了。现在，我不再利用这种量化的自我反省苛刻要求自己了，但在时间紧迫时，我有时还会借助这个15分钟时段评分的老办法，按部就班地完成自己的任务！

直到成年后，我才发现已经有人详尽地制定出这种量化框架了。2016年，斯坦福大学心理学家卡尔·纽波特出版了《深度工作：如何有效使用每一点脑力》。他解释说，在现代世界中，我们不断受到外来干扰的狂轰滥炸，主要的干扰源就是推特、照片墙、脸谱网等社交媒体。

我相信社交媒体在我们的现代生活方式中绝对有一席之地（我自己就经常使用社交媒体），但它肯定会干扰你的心流。纽波特提纲挈领地指出，深度工作就是心无旁骛地专注于一个对认知能力要求较高的任务或项目的能力。与深度工作相对的是浅层工作，是指我们在受到外界干扰时可以完成的、不需要认知能力的后勤工作。对我来说，浅层工作就是为下一周的出行熨烫衬衫这类任务，因为这对我的认知能力没有太大的要求，在做这项工作的同时我还可以轻松地听收音机。我最喜欢的一个节目是BBC广播4台的《光阴》（*In*

Our Time），这是梅尔文·布拉格主持的一个探讨思想史的广播讨论/播客节目，每周一期。在这个节目中，学者们会探讨各种观点，诸如19世纪60年代俄国的农奴解放运动，数学界寻求解决费马大定理的努力，甚至还会讨论德国哲学家亚瑟·叔本华的悲观哲学。

就我个人而言，我一般都能充分利用时间，以至于朋友们常常想知道我的日程为什么能安排得那么充实。我当然不会任何魔法，但这里面有一个秘密，那就是：当我工作的时候，我真的在工作。纽波特简明扼要地描述了深度工作的概念，他认为这是21世纪的一项超能力——专心致志地完成手头任务的能力。我们家楼下的白板上有一句用红墨水写的类似的话（现在几乎擦不掉了）："专注于最重要的任务，把它做到尽善尽美，这项能力是取得巨大成功的关键。"

纽波特用一个简单的量化公式来表示这种能力：

⋈

工作完成量 = 时间 × 强度

⋈

举个例子。如果你每天花10个小时复习功课，平均强度为3（手机响个不停，与此同时，你一边瞄着电视，一边和朋友闲聊），那么你会有30单位的产出（3×10）。但是，如果你把强度提高到10（没有任何干扰），你就可以在3小时内完成同等的产出（10×3）。诚然，现实生活要比这复杂得多，但总的来说纽波特的观点是正确的。

我做事的能力源自我能够集中注意力。我愿意第一个承认社交媒体是年轻人勇往直前时需要面对的前所未有的巨大挑战，但"强度"这个简单的衡量标准可以帮助你静下心来，认真思考你是真的取得了一定的进展，还是只不过坐在那儿，几无寸进。专心工作的好处是工作时你认真工作，其他时间你可以尽情玩乐，前提是你在工作的时候真的很有效率！

努力是成功的关键因素。在你将有限的时间资源分配给工作时，你就必须保证自己真的在工作。另一位美国心理学家安杰拉·达克沃思清楚地阐述了努力实现目标的重要意义。这位宾夕法尼亚大学的教授以研究"坚毅"和自我控制的概念而闻名。在她2016年的著作《坚毅：释放激情与坚持的力量》中，达克沃思简明扼要地指出，坚毅是一种对智商的补充。坚毅是指个人坚持不放弃、表现出韧性、从失败中恢复过来的欲望。通过研究美国优秀军事学院的学员、美国拼字大赛的决赛选手以及在条件艰苦的学校里工作的教师，安杰拉·达克沃思发现，成功的关键不是智商，而是坚毅。她认为，取得成就的真正秘诀不是天赋（当然，天赋确实存在），而是对长期目标的激情和坚持。

达克沃思介绍了一组解锁成就的公式：

⋈

$$天赋 × 努力 = 技能$$
$$技能 × 努力 = 成就$$

⋈

它的另一种形式是：

⋈

$$天赋 × 努力^2 = 成就$$

⋈

这个公式告诉我们，努力比天赋更重要，是取得成就的一个平方因子。

关于先天条件与后天培养哪一个更重要的问题，早就引起了人们的争论。我承认不同的人与生俱来的能力就各不一样，有些人称之为天赋。但我们只有努力，才能将这些能力发展成技能。你的天赋可能是天生的腿脚敏捷，但只有通过努力你才可以把它发展成熟练带球的技能。努力运用这项技能，就能取得成就，比如在世界杯决赛中踢进致胜一球。这个框架可以帮助我们思考如何充分利用我们的才能。努力可以把才能发展成技能，努力运用技能可以帮助我们取得成就。在一个对天才（包括体育、学术、商业天才）顶礼膜拜的世界里，意识到我们都可以通过这种心态完善自己，是令人欣慰的。达克沃思强调了努力在实现梦想的过程中起到的重要作用（而且是两次起到重要作用！）。

作为一名数学老师，我真诚地相信每个人都能在数学上有所提高，并能更加自如地处理生活中可能出现的所有数字和数据。但是，这需要学习者拥有所谓的成长型思维。"成长型思维"这个概念是斯坦福大学心理学教授卡罗尔·德韦克第一个提出的。德韦克认为，我们的能力不是固定不变的。我们可以超越我们所认为的先天局限。斯坦福大学数学教育学教授乔·博勒专门从数学相关的角度完善了这个概念。博勒是数学教育界的"摇滚明星"，因为打破了"某些人天生就有数学头脑"的神话，以及"有些人天生就会数学，有些人天生不会数学"的观念而令世人瞩目。生活比数学更重要，但如果我们改变对这门美丽学科的态度，就有可能表明我们对生活持有一种更积极乐观的态度。

由于生命只有一次机会，因此我们必须充分发挥我们的才能。在《辛普森一家》的某一集里，父亲霍默对行为鲁莽的儿子巴特说："即使你再优秀，比你更优秀的人也比比皆是。"但这不是问题，我们无须成为最优秀的那个人，只需要做最好的自己。有效地利用时间正是实现这一目标的关键。

数学还能帮助我们找到觉得时间过得越来越快的原因。小时候，我们总觉得下一个生日或圣诞节遥遥无期。相反，长大之后，我们常常因为一年的时光又一次迅速消逝而感到吃惊。从你用气球和蛋糕庆祝5岁生日到你迎来第6个生日，这一年是你之前所有时光的20%（1/5）。作为一个10岁小孩，等待你的第11个生日会花掉你之前所有时光的10%（1/10）。20岁时，心智成熟的你（希望如此！）只需再用之前所有时光的5%（1/20）就可以迎来你的第21个生日。随着年龄的增长，你会觉得生命的进程变得越来越快，其实这是一种相对的感觉，因为一年的时光在你已经经历的岁月中所占的比例越来越小。你年龄越大，你的时间就流逝得越快。而在这种现象出现时，你不应无动于衷。

我在英国文学GCSE课上学习了诗歌《致羞涩的情人》，这是17世纪玄学派诗人安德鲁·马韦尔（Andrew Marvell）的代表作之一。下面这几行诗引起了我的强烈共鸣：

⋈

可是在我的背后，我总听见
带着翅膀的时间之车急急追赶
这样，我们虽无法让太阳驻足
却可让它在时光的穿梭中加速

⋈

作为个人，我们总是感叹时光荏苒，光阴如梭，它永远不会停下来等待我们。作为人类，我们都希望生活尽可能地丰富多彩。我发现，使用量化的框架来提升工作效率，可以尽可能地充实我的生活。到目前为止，我的生活是快乐而充实的，理解数字和我自己之间的关系把我塑造成了亲朋好友、学生和同事都珍视的"博比·西格尔"（希望如此）。数学可以教会我们很多知识，帮助我们理解自己在这个复杂星球上的位置，帮助我们轻松地掌握世界运行的方式。数学可以通过无数方式改善我们的生活，但最重要的一课是如何充分利用我们的时间。问问你自己，你今天的行为能不能让你和你周围的人的生活比昨天更好？

趣味问答

大灰狼和三只小猪

三只小猪一起建造了一座房子。显然，包藏祸心的大灰狼想把它推倒。

根据以往的经验，大灰狼认为他需要10匹狼每天工作15个小时，连续工作5周（从星期一工作到星期五），才能把房子弄倒。

因为大灰狼从不碰运气，所以他的时间管理非常精细。如果大灰狼想在早上9点开始拆房子，当天下午3点准时收工去喝茶，他需要多少匹狼来拆三只小猪的房子？

第 1 章——答案

加雷斯·索斯盖特的足球到底有多重?

如果所有足球的平均重量是 80 克,我们就可以算出它们的总重量是 320 克(4 × 80 = 320)。

如果 3 只较重的足球共重 270 克,那么最轻的那只足球(也就是交给杰西·林加德的那只)的重量是 50 克(320 − 270 = 50)。

因为最重的足球是最轻足球重量的 3 倍,所以哈里·凯恩的足球重 150 克(50 × 3 = 150)。

最重和最轻的两只足球共重 200 克(150 + 50)。交给乔丹·皮克福德和德勒·阿里的两只中号足球重量相同。所以它们的总重量是 320 − 200 = 120 克,各自的重量是 120 ÷ 2 = 60 克。

所以 4 只足球的重量分别是:

哈里·凯恩的足球重 150 克;

乔丹·皮克福德的足球重60克；

德勒·阿里的足球重60克；

杰西·林加德的足球重50克。

现在，加雷斯可以回去指导球队了！

第2章——答案
春节快乐！

16条狗（16×4＝64只脚）

8只鸡（8×2＝16只脚）

4只猴子（4×2＝8只脚）

脚的总数＝64＋16＋8＝88只

第3章——答案
集邮爱好者的度假计划

她将前往阿拉伯联合酋长国。

如果你写出这些独立主权国家与它们的首都——约旦首都安曼（Amman）、阿尔及利亚首都阿尔及尔（Algiers）、埃塞俄比亚首都亚的斯亚贝巴（Addis Ababa）、加纳首都阿克拉（Accra）和尼日利亚首都阿布贾（Abuja），就会发现这些城市是按照首字母逆序排列的。按照这个顺序，接下来的城市应该是阿拉伯联合酋长国的首都阿布扎比（Abu Dhabi）。

第 4 章——答案
哈利·波特与 4 品脱黄油啤酒

这道题受电影《虎胆龙威 3》的启发，在此表示感谢！完成这项任务的方法有多种，这里提供其中一种方法。

我们把 5 品脱啤酒杯称作 A 杯，3 品脱啤酒杯称作 B 杯。

第一步，赫敏向 A 杯倒入 5 品脱啤酒。

第二步，她从 A 杯倒出 3 品脱啤酒到 B 杯，所以 A 杯还剩 2 品脱啤酒。

第三步，她把 B 杯中的 3 品脱啤酒倒掉。

第四步，然后把 A 杯中的 2 品脱啤酒倒入 B 杯。

第五步，她再向 A 杯倒入 5 品脱啤酒。

最后，她从 A 杯向 B 杯倒入 1 品脱啤酒。所以 A 杯还剩 4 品脱啤酒。

现在，她可以和同学们一起，用那 4 品脱黄油啤酒来庆祝他们在 O. W. L. s 考试中取得的优异成绩了！

第 5 章——答案

《大世界之旅》节目组的宇航员培训课程

这些国家的首都是：

1. 希腊——雅典（Athens）

2. 韩国——首尔（Seoul）

3. 伊朗——德黑兰（Tehran）

4. 摩洛哥——拉巴特（Rabat）

5. 加拿大——渥太华（Ottawa）

6. 印度——新德里（New Delhi）

7. 巴拉圭——亚松森（Asunción）

8. 蒙古——乌兰巴托（Ulaanbaatar）

写出这些首都城市英文名的第一个字母，就会发现它们是ASTRONAU。再加上字母T，就可以拼出ASTRONAUT（宇航员）这个单词。位于欧洲且首字母是T的首都城市是地拉那（Tirana），它是阿尔巴尼亚的首都。

第 6 章——答案

达明·赫斯特的数学点画

赫斯特画作中的点构成的序列是：3，4，6，8，12，

14，18，20。

提示说我们即使不处在最佳状态（prime），也能解决这个问题。我其实是告诉你们应该考虑质数，也就是有且只有2个因数的数：2，3，5，7，11，13，17，19。

把这两个序列放在一起比较，答案就会一目了然：

3，4，6，8，12，14，18，20：赫斯特画作中点的个数

2，3，5，7，11，13，17，19：质数

赫斯特的序列就是质数加上1。19之后的下一个质数是23，因此，如果达明继续遵循他的序列，就会在下一列画24个点。

第7章——答案
麦当劳叔叔与尤塞恩·博尔特：麦乐鸡挑战赛

到第9天，麦当劳叔叔吃下的麦乐鸡总数就会比博尔特多。

8天后，麦当劳叔叔总共吃下255（1＋2＋4＋8＋16＋32＋64＋128＝255）块麦乐鸡。

8天后，尤塞恩·博尔特总共吃下360（10＋20＋30＋40＋50＋60＋70＋80＝360）块麦乐鸡。

第9天，麦当劳叔叔又吃了256块，因此他总共吃下了

511块麦乐鸡。尤塞恩第9天又吃了90块，总共吃了450块。

第8章——答案
疯狂的欧洲电视网

看看歌名中所有单词的首字母，就会发现它们会拼写出下列结果：

法国选手选唱的歌曲是"Born a shining star"。首字母为：Bass

德国选手选唱的歌曲是"People in the crisis hour"。首字母为：Pitch

西班牙选手选唱的歌曲是"Time out never ends"。首字母为：Tone

意大利选手选唱的歌曲是"Rock it fallen friends"。首字母为：Riff

英国选手选唱的歌曲是"New undying love"。首字母为：Nul

前4首歌的首字母拼写结果，bass（低音）、pitch（音高）、tone（音调）和riff（连复段），都与音乐有关，而英国选手选唱歌曲名首字母拼出来的单词是"nul"（零分），因此得零分毫无异议！

第 9 章——答案
乔·威克斯在数学指导下进行的日常锻炼

首先，我们为所有字母赋值：A = 1，B = 2，C = 3，…，X = 24，Y = 25，Z = 26。然后，我们按照首字母为所有训练项目赋值：

Burpee（波比跳）= 2

Calf Raise（站姿提踵）= 3

Lunge（箭步蹲）= 12

Mountain Climber（俯身登山）= 13

Press Up（俯卧撑）= 16

Squat（徒手深蹲）= 19

可以看出，这些数字代表了各训练项目的完成次数。屈膝跳（tuck jump）的首字母是T，而T的值是20。所以我需要做20个屈膝跳。（注意，在完成上面的训练后，再做20个标准的屈膝跳，难度是非常大的！）

第 10 章——答案

詹姆斯·柯登和拉塞尔·布兰德的西汉姆狂欢日采购

　　这是一道经典的逆向比例问题，很多GCSE学生都很熟悉。打8折意味着现在的价格是原价的80%。

　　打8折后的价格是64英镑，即64英镑对应80%。因此，我们可以算出0.80英镑对应1%，80英镑对应100%。

　　所以，这两件物品打折前的总价格是80英镑。已知球衣比围巾贵40英镑，因此你可以列出一个简单的方程，也可以通过反复试验，得出球衣打折前的价格是60英镑，围巾打折前的价格是20英镑。

　　有的读者可能会对方程解法感兴趣，因此我们列出这个简单的方程。设x为围巾的价格，则（$x + 40$）为球衣的价格。

$$x + (x + 40) = 80$$
$$2x + 40 = 80$$
$$x = 20$$

　　所以，围巾打折前的价格是20英镑，球衣的价格比它高40英镑，也就是60英镑。

第 11 章——答案

魔术师马蒂预测股票市场的秘密方法

如果股价每天翻倍，而你从第 7 天开始投资，那么股票翻倍还将持续 3 天。

一开始你有 1 万英镑。每过一天，你的股票价值都会翻倍：

一天之后：2 万英镑

二天之后：4 万英镑

三天之后：8 万英镑

你也可以利用指数完成计算。股价翻倍意味着股票价值每天增长 100%。如果原始股价是 100%，那么增长 100% 后会变成 200%，是之前的 2 倍。

由于增长过程持续 3 天，$2^3 = 2 \times 2 \times 2 = 8$。也就是说，你的股票最终价值是 8×1 万英镑 $= 8$ 万英镑。在涉及的天数非常多时，指数计算的效率就会远远高于上面这种机械的计算方式。

股票价值 8 万英镑，但你刚开始时投入了 1 万英镑，所以利润是 7 万英镑。

第 12 章——答案

如果你骗人，就抓我：10 位明星主持的电视游戏真人秀

第一名有 10 个可能的人选，第二名有 9 种可能，第三名有 8 种可能，前三个位置一共有 $10 \times 9 \times 8$ 种可能，以此类推。在数学上，这叫作阶乘：$10! = 10 \times 9 \times 8 \times 7 \times 6 \times 5 \times 4 \times 3 \times 2 \times 1 = 3\ 628\ 800$。

所以 10 位明星一共有 3 628 800 种不同的提问次序。

第 13 章——答案

伊曼纽尔学院的行李搬运员和概率

本题有多种解法。

首先，我们可以直接运用概率，将逐次拾起正确字母的概率相乘，即可得到答案：$2/8 \times 2/7 \times 1/6 \times 1/5 \times 1/4 \times 1/3 \times 1/2 \times 1/1 = 4/40\ 320 = 1/10\ 080$。

正确拾起第一个 E 的概率是 2/8。正确拾起第一个 M 的概率是 2/7，正确拾起第二个 M 的概率是 1/6，以此类推。

另一种方法需要运用一些基本的组合知识。EMMANUEL

包含8个字母。不考虑重复字母的排列一共有8! = 8 × 7 × 6 × 5 × 4 × 3 × 2 × 1 = 40 320种。

但是，由于有重复字母，我们必须利用除法，去掉重复的排列方式。这8个字母中有2个E、2个M。

因此，一共有40 320 /(2! × 2!) = 40 320 /4= 10 080种排列方式，所求概率为1/ 10 080。

第14章——答案
《大学挑战赛》结束后的握手

所有人一共握手36次。

一共有9个人，第一个人要和其他所有人握手，一共握手8次（因为他们不会和自己握手）。

接下来，第二个人和每个人握手，但不和她自己以及第一个人握手，因为她已经和第一个人握过手了。这样，握手的总数增加了7次。

以此类推，接下来的每个人会使握手的次数分别增加6次、5次、……直到第九个人，由于第九个人已经和其他所有人都握过手了，所以不会改变总的握手次数。

因此，总的握手次数是：8 + 7 + 6 + 5 + 4 + 3 + 2 + 1 = 36。

第 15 章——答案

泰特现代美术馆的朋友聚会

我准备在聚会时播放以下歌曲：

艾莉·古尔丁（3首）

大鲨鱼（1首）

凯利·安德鲁（4首）

孩子气的甘比诺（1首）

斯托莫基（5首）

杰米·卡伦（9首）

缪斯（2首）

把括号里的数字单独列出来，就会得到3141592。对于学过数学的人来说，这串数字看起来应该很熟悉。如果在第一个数字后面插入一个小数点，就会得到3.141 592。我们都知道，这是圆周率π（数学常数，表示圆的周长与直径的比值）的前7位数。圆周率的第8位数是6，因此在聚会结束前我还要播放6首西格丽德的流行歌曲。

第 16 章——答案

《爱情岛》的难题

用质因数形式表示的年份——公元前 $2^5 \times 3 \times 5$ 年是指公元前 480 年（ $2 \times 2 \times 2 \times 2 \times 2 \times 3 \times 5$ ）。

公元前 480 年，著名的温泉关战役（"热气腾腾的关隘"指的就是温泉关）在希腊爆发。在电影《斯巴达 300 勇士》中，波斯帝国的国王薛西斯（罗德里戈·桑托罗饰）打败了 300 名希腊勇士，而率领这 300 名勇士英勇作战的就是杰拉德·巴特勒饰演的传奇人物——国王列奥尼达（Leonidas）。

提示说需要拼出的是这位勇敢国王的第五代子孙的名字。我们可以用字母 V 表示罗马数字 V（5）。

节目名"LOVE ISLAND"包含的字母可以重新排列成 LEONIDAS V。祝参赛选手好运，希望他们可以躺在花园的地上，用身体拼出这个名字！

第 17 章——答案

大灰狼和三只小猪

拆房子的工作量到底有多大呢？

每匹狼工作 15 小时 × 5 周 × 5 天 = 375 狼小时。

　　因为有10匹狼同时工作，所以总共是 $10 \times 375 = 3\ 750$ 个狼小时。

　　如果大灰狼希望早上9点开始，拆到下午3点，那么只能工作6个小时。

　　3 750个狼小时 ÷ 6小时 = 625匹狼

　　（因为 $625 = 25 \times 25$，所以大灰狼可以很方便地将这些狼排成一个25行25列的正方形！）

致谢

　　一路走来，我得到了很多人的帮助和支持，在此向他们表示感谢。由于这份名单是我在凌晨2点完成的，因此，有遗漏的话，敬请谅解！

　　我第一个要感谢的，也最应该感谢的，就是我的家人，他们从一开始就陪伴着我，鼓励我追求自己的梦想。我和堂兄弟、叔叔阿姨以及我哥哥的一大家人在一起度过了许多欢乐时光。

　　我的经纪人罗伯特·格温-帕尔默第一个建议我写这本书。没有你，就没有这本书，感谢你一直以来的支持。

　　我的编辑杰米·约瑟夫以无与伦比的耐心与我沟通，并展现出了高超卓绝的编辑技巧。我的文案编辑保罗·辛普森帮助我最终完成了本次创作。此外，包括克洛艾·罗斯和卡罗琳·巴特勒在内的企鹅兰登书屋团队的其他成员也为我提供了帮助。我还要感谢和我一起录制有声书的工程师杰克·贝蒂。

　　在比维斯摩根公司的会计师奈吉尔·黑格和马克·惠特伦的帮助下，我的财务状况一直没有出现任何问题。

在我求学道路上为我提供过支持和帮助的人和机构有：圣迈克尔学校（朗夫人、亨德森女士），尼尔森学校，哈特利学校，圣波拿文都拉中学（迈克尔·威尔肖爵士，尼克·克里斯蒂，约翰·沃克马斯特，马特·法利，迪·哈利韦尔和保罗·哈利韦尔），伊顿公学（彼得·布罗德，基特·安德森，约翰·刘易斯，托尼·利特尔，加里·萨维奇，乔·斯宾塞，安东尼·迪安，鲍勃·赫顿），牛津大学玛格丽特夫人学堂（加布里埃尔·斯托伊，艾伦·拉斯布里杰），伦敦大学皇家霍洛威学院（克里斯蒂娜·法默，迈克尔·施帕加特），剑桥大学休斯学堂（卡罗尔·萨金特），剑桥大学伊曼纽尔学院（菲奥娜·雷诺兹夫人，杰里米·卡迪克，戴维·利夫西，以及全体优秀的行李搬运员——戴维、保罗、戴夫、蒙蒂、约翰、艾琳和丹尼尔）。

感谢我在切斯特顿社区学院、东伦敦科学学校和小伊尔福德学校教过的（包括教得不好的）所有学生，以及小伊尔福德学校校长伊恩·威尔逊。

感谢我的剑桥教育学博士课程的负责人伊莱恩·威尔逊和我的直接导师史蒂夫·沃森、朱莉·奥尔德顿。我还要感谢我的教育学研究生（PGCE）课程的共同负责人马克·道斯，以及我的PGCE导师纳伊拉·奥利布克斯、马特·伍德法恩。雪莉·康兰在数学焦虑研究上给了我灵感，还分享了她的研究成果，在此向她表示感谢。

感谢我最好的朋友珍妮弗·戴森-巴蒂瓦拉和她的丈夫本一直以来的爱和支持。感谢我的其他所有朋友，他们是：亚历克斯·霍姆斯，艾丽斯·里斯，阿尔文·罗斯-卡皮欧，安德鲁·佩雷拉，安德鲁·菲利普，安妮·凯瑟琳-斯滕伯格，安妮卡·布朗，阿努里特·乔哈尔，阿斯马·阿里与莫·阿里，阿特兰塔·普洛登，巴里·马图鲁，本·麦迪逊与雷切尔·麦迪逊，贝丝·麦格雷戈与迈克尔·麦格雷戈，鲍勃·查普曼，夏洛特·德布拉班特，克里斯·奥尔德与杰米·奥尔德，克里斯·斯坦顿，克里斯蒂亚娜·金尔，戴维·贝纳德，戴维·加伯特与贝姬·加伯特，戴维·莱泽尔，唐娜·戈拉赫，埃米莉·丁斯莫尔，艾玛·尼尔，法拉赫·马哈茂德，加雷思·斯特迪，乔治·鲁滨逊，乔治·麦克黑尔，金妮·鲁滕，戈西亚·斯坦尼斯拉韦克，格雷斯·勒，汉娜·沃克，海达尔·科赫尔，詹姆斯·戴利，詹姆斯·格雷，杰伊·科舒尔与基兰·科舒尔，杰森·阿什·迪肯，杰里米·贾奇，约翰·柯克，凯伦·加纳，凯特·斯托金斯，凯特·戴维斯与菲尔·马丁，凯蒂·盖纳，凯伊·布莱尼，基翁·马努切赫里与海蒂·马努切赫里，克里斯蒂娜·扎瓦尔，劳伦特·德布拉班特，梁龙河（音译），马特·弗利顿与劳拉·弗利顿，马特·巴伦，马特·多德，马特·琼斯与古努尔·琼斯，马特·马歇尔，马修·奥斯门特，梅利莎·瓦尼，纳利尼·昆达潘，娜塔莎·霍尔与埃迪·霍尔，内哈·乔杜里，李元石（音译），帕梅拉·R，菲利普·赫特与艾米尔·赫特，雷切尔·埃文斯，雷切尔·约翰逊，拉菲·安瓦尔，理查德·休姆，理查德·弗里兰，谢尔梅因·西，索菲·沃纳，斯特凡妮·戴利，苏珊娜·库鲁维拉，汤姆·科尔比，汤姆·格雷迪，维克什·夏尔马，威尔·索思盖特和沃尔夫拉姆·博施。

在体育方面，我要感谢东伦敦公路跑俱乐部、剑桥大学野兔和猎犬俱乐部、西汉姆足球俱乐部（包括罗布·普里查德）、YouTube"每日足球"频道的团队以及我在东汉姆的健身教练戴夫·麦奎因、希瑟·托马斯的支持和帮助。

感谢Label1的朋友们（洛兰·查克·菲利普斯，西蒙·迪克森，乔·泰勒，默尔·柯里，萨姆·帕尔默，凯特·班农，武西·卡乌洛，肖恩·瓦伦丁，亚当·斯科特，本·林，马尔科姆·雷梅迪奥斯等）以及Talkback的团队。

感谢我最早教过的学生，我的BBC GCSE挑战赛参赛团队成员：纳加·蒙切蒂，杰恩·麦卡宾，蒂姆·马费特和制作人贝拉·麦克沙恩。

感谢英国"国民算术能力"团队，他们是迈克·埃利科克、阿比盖尔·哈特弗里、劳伦·斯特里特和雷切尔·赖利。

感谢BBC广播4台的劳伦·哈维让我定期为《今日

趣题》(*Puzzle for Today*)节目供稿。感谢《学识达人》(*Polymaths*)的制作人戴夫·埃德蒙兹。

感谢我的朋友、《金融时报货币》(FT Money)编辑克拉尔·巴雷特。

感谢和我共过事的纽汉姆财务公司和伦敦纽汉姆区的朋友们,以及与我合作的议员韦罗尼卡·奥克肖特和住在本地的塞西莉亚·沃尔什与杰勒德·沃尔什。

感谢曾与我密切合作过的组织和机构,包括OxFizz、UpRising、开放大学、壳牌"金点子挑战赛"团队(马库斯·亚历山大-尼尔、汉娜·富勒)和Itza团队(包括安东尼·布希耶)。

感谢我工作过的公司,包括默豪斯青年发展集团、毕马威、雷曼兄弟、野村证券和普华永道。

感谢曾经极大地激发我的灵感的那些数学著作作者,包括亚历克斯·贝洛斯、郑乐隽、汉娜·弗里、乔·博勒、马库斯·迪索图瓦、罗布·伊斯特韦和西蒙·辛格。

感谢在我创作第一本书《蒙克曼与西格尔智力竞赛宝典》时为我提供帮助的人,包括眼镜出版团队(托德·斯威夫特)、雅尼娜·拉米雷斯、凯文·阿什曼,路易斯·泰鲁和斯蒂芬·弗莱。

感谢帮助我参加剑桥大学智力竞赛活动和伦敦智力竞赛联盟的所有朋友。感谢我的《大学挑战赛》团队成员布鲁诺·巴顿–辛格、汤姆·希尔和利娅·沃德。感谢伊曼纽尔学院智力竞赛传奇人物亚历克斯·古腾普兰和珍妮·哈里斯。感谢随后组建的《大学挑战赛》艾玛团队，成员包括亚历克斯·米斯特林、本·哈里斯、康纳·麦克唐纳、达尼·库吉尼、埃德蒙·德比、詹姆斯·弗雷泽、基蒂·切瓦利耶、萨姆·诺特和韦丹思·奈尔。感谢沃尔夫森学院的朋友埃里克·蒙克曼和他的队友本·乔杜里、保罗·科斯格罗夫、贾斯廷·杨和路易斯·阿什沃思。彼得豪斯的汉娜·伍兹、奥斯卡·鲍威尔、朱利安·萨克利夫和托马斯·兰利鼓励我参与智力竞赛，向他们表示感谢。感谢托马斯·凯塞克和埃文·林奇开始了我的竞赛之旅，感谢参加智力竞赛的其他朋友，包括埃利·华纳、奥利弗·斯威特纳姆、伊弗雷姆·莱文森、娜塔莎·沃克斯、肖林（音译）、阿夫哈姆·拉奥夫、乔希·皮尤–吉恩、布安·程、达乌德·杰克逊、马特·尼克松、伊恩·贝利、奥利弗·加纳、道吉·莫顿、帕迪·达菲和马丁·史密斯。当然，我还要感谢《大学挑战赛》节目的工作人员，包括杰里米·帕克斯曼、罗杰·蒂林、汤姆·本森、琳内、托比·哈多克等。

　　根据概率，我百分之百地肯定我遗漏了一些重要的名字，对此我只能表示歉意。在我的下一本书中，我肯定会向你表示感谢！

多年来，我在从事数学研究时一直从众多深受欢迎的数学著作中汲取灵感。除了一般的在线资源以外，我还要感谢下面这些作者和著作。如有遗漏，敬请谅解！

Acheson, David, *1089 and All That: A Journey into Mathematics* (2010)

Bellos, Alex, *Alex's Adventures in Numberland* (2011)

Benjamin, Arthur, *The Magic of Maths : Solving for x and Figuring Out Why* (2015)

Beveridge, Colin, *Cracking Mathematics: You, This Book and 4,000 Years of Theories* (2016)

Boaler, Jo, *The Elephant in the Classroom: Helping Children Learn and Love Maths* (2015)

Boaler, Jo, *Mathematical Mindsets: Unleashing Students' Potential through Creative Math, Inspiring Messages and Innovative Teaching* (2016)

Butterworth, Brian, *The Mathematical Brain* (1999)

Cheng, Eugenia, *How to Bake Pi: Easy Recipes for Understanding Complex Maths* (2016)

Christian, Brian and Griffiths, Tom, *Algorithms to Live By: The Computer Science of Human Decisions* (2017)

Cowley, Stewart and Lyward, Joe, *Man vs Big Data: Everyday Data Explained* (2017)

Devlin, Keith, *Life by the Numbers* (1999)

du Sautoy, Marcus, *The Number Mysteries: A Mathematical Odyssey through Everyday Life* (2011)

Duckworth, Angela, *Grit: Why Passion and Resilience are the Secrets to Success* (2017)

Eastaway, Rob and Haigh, John, *The Hidden Mathematics of Sport* (2011)

Eastaway, Rob and Wyndham, Jeremy, *How Long Is a Piece of String?* (2003)

Eastaway, Rob and Wyndham, Jeremy, *Why Do Buses Come in Threes?: The Hidden Maths of Everyday Life* (2005)

Ellenberg, Jordan, *How Not to Be Wrong: The Hidden Maths of Everyday Life* (2015)

Fry, Hannah, *The Mathematics of Love (TED)* (2015)

Gould, Stephen Jay, *Ever Since Darwin: Reflections in Natural History* (1977)

Gullberg, Jan and Hilton, Peter, *Mathematics: From the Birth of Numbers* (1997)

Levitin, Daniel, *A Field Guide to Lies and Statistics: A Neuroscientist on How to Make Sense of a Complex World* (2018)

Mandelbrot, Benoit B. and Hudson, Richard L., *The (Mis) Behaviour of Markets: A Fractal View of Risk, Ruin and Reward* (2008)

Matthews, Robert, *Chancing It: The Laws of Chance and How They Can Work for You* (2016)

Newport, Cal, *Deep Work: Rules for Focused Success in a Distracted World* (2016)

Oakley, Barbara, *A Mind for Numbers: How to Excel at Math and Science (Even If You Flunked Algebra)* (2016)

Revell, Timothy, *Man vs Maths: Everyday Mathematics Explained* (2017)

Rooney, Anne, *The Story of Mathematics* (2009)

Singh, Simon, *The Simpsons and Their Mathematical Secrets* (2014)

Stewart, Professor Ian, *Professor Stewart's Incredible Numbers* (2016)

Stewart, Professor Ian and Davey, John, *Seventeen Equations that Changed the World* (2013)

Strogatz, Steven, *The Joy of X: A Guided Tour of Mathematics, from One to Infinity* (2014)